成事之道

钱　浩　著

北京燕山出版社

图书在版编目（CIP）数据

成事之道 / 钱浩著 . — 北京：北京燕山出版社，
2024.6

ISBN 978-7-5402-7270-8

Ⅰ. ①成… Ⅱ. ①钱… Ⅲ. ①人生哲学－通俗读物
Ⅳ. ① B821-49

中国国家版本馆 CIP 数据核字（2024）第 096927 号

成事之道

作　　者：钱　浩
责任编辑：王月佳
出版发行：北京燕山出版社有限公司
社　　址：北京市西城区椿树街道琉璃厂西街 20 号
电　　话：010-65240430（总编室）
印　　刷：北京市玖仁伟业印刷有限公司
开　　本：880mm×1230mm　1/32
字　　数：155 千字
印　　张：7.875
版　　次：2024 年 6 月第 1 版
印　　次：2024 年 6 月第 1 次印刷
定　　价：58.00 元

前　言

在一次发布会上，有记者问稻盛和夫："一个人成功的关键是什么？"稻盛和夫不假思索地说："思维方式。"

思维方式不仅影响着我们做事的格局，还关乎人生的高度。如果一个人想成为生活中的强者，他必须学会像强者一样思考、行事。

那么，什么是"成事之道"？笔者试着概括几点：积极地看待世界，拥抱世界，而不是怨天尤人、自我封闭；主动迎接挑战，拓展能力的边界，而不是待在舒适区，拒绝成长；掌握世界的底层逻辑，直击本质，而不是意气用事，抱有不切实际的幻想；善于变通，勇于破局，而不是墨守成规，一条道走到黑；多与人合作，多成全别人，而不是互相拆台，处处树敌。

胜人者力，自胜者强。我们很难左右世界，但可以把握自己。秉持务实的态度：努力争取最好的结果，但要做最坏的打算。理解人性的本质：做人应该善良，但你的善良要有点锋芒。相信价值规律：你想要获得某样东西，最可靠的方法是让自己配得上它。

以上可说是成事之道的一些特点，这些在本书中都有体现。

今天的世界，经济增速放缓，不确定性增加，新技术、新业态不断更新迭代，人们越来越"卷"，压力越来越大。在这种环境下，人更要学习思考的方法，提升思考的能力，增强自己的底气，以应对千变万化的世界。所谓强者，不是说我们打败了多少人，而是我们没有被生活打败，我们活得自信，有尊严。

中华民族是极富智慧的民族，几千年来积累了丰厚的处世哲学和谋略文化。中国人的生活态度是务实的、理性的，我们不喜欢走极端，不崇尚怪力乱神，随时随地关心当下，注重人际关系的和谐，有着高明的处理实际事务的智慧和极强的生存能力。中华民族什么样的风浪没见过？没有卓越的智慧，不可能延续至今，并为世界做出越来越大的贡献。

本书正是从中国历史中选取丰富的案例，以新的视角、新的语言加以阐释和提炼，以回应当下人们的生活主题。希望此书能给读者一些启发，即在当今快节奏的生活中，在技术和资本给人空前压力的时代，如何生活得更从容。

目　录

第一辑

人人要懂的人情世故

▌不要抱怨世态炎凉

晋文公重耳在流亡期间，曾到齐国投靠齐桓公。齐桓公对重耳十分照顾，将宗室之女齐姜许配给他，并为他修筑府第。重耳艰辛的流亡生涯至此出现了转机，他快乐地在齐国享受着富贵安逸。

没想到这一耽搁竟然耽搁了五年。重耳渐渐抛弃回晋国即位的念头，想永远留在齐国，安安稳稳地终老一生。那些跟随重耳流亡的从臣，觉得这样下去不是办法，纷纷劝重耳再度踏上旅程，继续为重返晋国即位而奔波。但重耳已习惯了逸乐，不仅不听臣下们的建言，还避而不见。从臣们为此聚在一起商议对策，谋士狐偃说：

"主公已耽于安逸，劝是劝不动的，看来只好用强的了。我们明天假装邀主公外出游猎，将他骗到郊外，然后就推拥上车，带他离开齐国，如何？"

狐偃在从臣中谋略堪称第一，而且又是重耳的舅舅，众人听他这么说，虽然觉得有点不妥，但又想不出别的办法，只好决定依计行事。然而从臣们的计划，却无意中被夫人齐姜得知。第二天他们来请重耳出猎时，齐姜忽问：

"你们决定要带主公前往哪一国了吗？"

从臣们大吃一惊，知道计划泄露，只好跪在地上请罪。齐姜说：

"我虽然舍不得夫婿，但为了他着想，还是忍痛让他离开吧！不过你们的计划太冒险，可能不会成功。不如今晚由我设宴，待主公大醉之后，你们再偷偷载他离开齐国。"

众人一听，再三拜谢夫人。当天晚上，就按照夫人的妙计，把醉醺醺的公子重耳，神不知鬼不觉地带离齐国首都。待重耳昏沉沉地醒过来时，已是隔日中午了。他发现自己竟躺在车上，而四周净是陌生的景象，惊讶地急忙唤人询问。从臣们将事情据实禀告，重耳气得不知道该如何是好。但既已不告而别，蒙上一个"私逃"的恶名，这已大大得罪齐君，不能再重返齐国了。虽然万般不甘，但事已至此，重耳只好赦免臣子擅专之罪，硬着头皮继续赶路。

重耳这位流亡领袖，其实是他的臣子们的富贵所寄，他们不辞辛苦地追随重耳，为他"抬轿"，有很大成分是为了自己的前途，他们怎么可能就让重耳在齐国终老呢？这正是"坐轿的想下轿，抬轿的不想休息"呢！

战国时，孟尝君喜好招揽四方贤士，并以礼相待，门下食客多达三千人。因为孟尝君名气很大，又为齐国屡建功勋，官至宰相。后齐王受人挑唆，解除了孟尝君的相位。从此以后，孟尝君门下的三千多名食客纷纷离去，有的连声招呼都不打就溜了。

但是，有一位受过孟尝君礼遇的食客叫冯谖，此人没走，并为孟尝君贡献一计，使孟尝君重当宰相。之后，在孟尝君解职时纷纷逃离的食客，又都纷纷打算投奔回孟尝君的门下。对此，孟尝君感慨万千，并就此事与冯谖有过这样一番对话。

孟尝君说："我一向厚待宾客，不敢有半点差错，所以招致食客三千。可他们看我被免职了，一个个远走高飞，离我而去。现在我官复原职，他们又都来归附我。你说，那些宾客还有什么脸面来见我？要是他们再来，我一定往他们的脸上吐唾沫，狠狠地羞辱他们。"

冯谖说："您这话说得不对。事物发展有其规律，人情世态也有其本来面貌，这个道理您可晓得？"

孟尝君说："我不懂你说的什么意思。"

冯谖说："在世界上，事物的发展和人情世态都有其自然规律。有钱有地位的人，一定会有很多人来跟他交往；而贫贱的人，他的朋友就少。难道您没见过赶集吗？天一亮，大伙儿你挤我我挤你地都赶集去了，天黑了，大家又都离开集市回家了。这并不是说人们喜欢早晨而不喜欢黄昏，而是他们心中所想要的东西在黄昏以后没有了。您失去相位，宾客都走了，您恢复相位，宾客又来了。您不能怪他们，而要好好地待他们。"

孟尝君听从冯谖的劝导，此后还是一如既往地善待食客。

你能满足别人的需要，别人自然会向你靠拢。你的能量越大，你的圈子自然就越大 —— 这就是人脉的底层逻辑。所以，对世态炎凉就不要过分抱怨了。

▌看破不说破

唐太宗时期，大臣张蕴古呈给太宗《大宝箴》，里面谈到"勿没没而暗，勿察察而明"。意思是居上位者既不能糊里糊涂，浑浑噩噩，什么都不知道，也不能过于苛察、精明，抓住别人的小错不依不饶。

待人处世理想的状态应该是大事精明，小事不苛察。

唐朝时，武则天当上了皇帝，宠信大臣狄仁杰，并把他提拔到宰相的位置上。可能是为了表示亲近，武则天将一些只有她一个人知道的事情告诉狄仁杰。她对狄仁杰说："你在汝南当地方官时很有政绩，但是有人诬陷你，你现在想知道诬陷者的名字吗？"

狄仁杰首先感谢则天皇帝对他的信任，接着说："陛下不以臣为过，臣之幸也，不愿知谮者名。"武则天听了深为赞叹。知道过去是谁诬陷了他，对狄仁杰的宰相工作并无半点好处，而诬陷者或许会担心狄仁杰挟嫌报复，多生出一些事来。所以，狄仁杰宁愿糊涂，也不愿苛察。

曹操焚烧他的下属私通袁绍的书信的事，是许多人知道的。公元 200 年，袁、曹在官渡决战，袁绍大败。曹操在收缴袁绍往来书信时，得到许都官员及自己军中将领写给袁绍的信。在别人看来，这正是一个查明内部立场不稳者的绝好机会。但是查出这些人，对曹操的事业又有什么好处呢？袁绍已被击败，人们已断了当骑墙者的希望。另外，当时正是用人之际，不能不用这些人。既然要继续任用他们，那么查明谁在背后与袁绍通过信，只会令他们疑神疑鬼，增加内部的不稳定。所以，曹操在这个问题上宁要糊涂，不要精明，他把收缴到的书信全部付之一炬，说："当绍之强，孤犹不能自保，况他人乎？"对私通者表示理解，一概予以原谅。

事实证明，领袖不知道不需要知道的事情，下属会因此而受到信任，原本摇摆不定的人很可能因受到信任而定下心来，一心一意为其事业服务。

公元410年，东晋将领刘道规与反叛者卢循、桓谦作战。卢循、桓谦人多势众，进逼江陵。在这种形势下，江陵百姓都给桓谦写信，告诉他城内情况，打算在桓谦攻城时做内应。但结果却是刘道规率领的东晋军队击败了桓谦，他从桓谦那里搜捡到了这些信件，一封也不看，下令把信全部焚烧。江陵百姓从此内心非常安定。不久，卢循的另一支大军由徐道覆带领直下江陵，而城中无兵。有人传说，卢循已经扫平了京邑，这是派徐道覆来当刺史。但是，江陵的百姓却感激刘道规焚烧书信、不计前嫌的恩德，都不再有二心了。

要是刘道规当时苛察，一定要知道谁私通桓谦，在那样一个战乱的年代，恐怕他后来就不会得到江陵百姓的支持，甚至百姓可能会站在他的对手一边与他为敌了。刘道规的不苛察，得到了十分丰厚的回报。

　　人无完人，要允许别人犯错误。那些人本可以精明但宁愿装糊涂，实际上这正是他们的精明之处。那些以苛察小事自以为精明的人，恰恰是不通人情世故、大事糊涂的人。

▌常怀一颗慈悲心，不要过分为难别人

　　东晋陶渊明在做江州祭酒时，曾送给儿子一个仆役，并且写了一封信给儿子，信中有这样一句话："此亦人子也，可善遇之。"短短的一句话，却体现了儒家"仁"的精神。

　　一个仆役，绝对没有高贵显赫的门第，也没有殷实富裕的家境，是个标准的"草根"。可在陶渊明眼里，这个仆役与他们父子抑或其他人，是没有什么区别的，都是"人子"。既然同为"人子"，理所应当得到"善遇"。余英时先生曾说，儒家伦理与现代价值观并不矛盾，儒家的"仁"内涵非常丰富，含有现代社会倡导的平等精神和尊重人权的价值取向。

　　儒家讲究仁爱，佛教讲究慈悲。中国文化中，慈悲精神无处不在。

　　曹雪芹写的《红楼梦》，就有一种大慈悲。《红楼梦》认为人生在世不过是一场虚幻，必须经历不同的劫难，方可领悟人生。作者不是写某一个人的悲剧命运，而是所有人的命运都带有悲剧性。

　　《红楼梦》同情女性，在封建礼教的表象之下，看到了女性

真正美好的品质。不管是尖酸刻薄的林黛玉，还是圆滑世故的薛宝钗，或是心狠手辣的王熙凤，她们都是被理解的，都是可怜可叹的悲惨之人。

《红楼梦》的"慈悲之心"还体现在对底层人物的关怀上，最典型的就是刘姥姥。刘姥姥进大观园，丑态尽出，但她幽默风趣，阅历丰富，察言观色，富有民间智慧。虽说她来贾府是贪图些赏赐，但也知恩图报，最后救巧姐于危难之中，可见其淳朴善良。

就连贾瑞、薛蟠这样的反面角色，贾雪芹也对其持有悲悯的态度。他们深陷在情欲中无法自拔，他们找不到生命上进的动机，他们或堕落，或沉沦，但作者只是叙述，却没有轻蔑或批判。因为他们反映的是人性中固有的一部分，谁能说自己冰清玉洁、一尘不染呢？

有了这种慈悲精神，中国人待人处世通常比较宽容，不走极端。

作家古龙以武侠小说闻名，市面上冒用他名义的仿作层出不穷。有一次，他的一个朋友气冲冲地拿着一本假冒书找到他，希望他诉诸法律。

古龙没有回话，而是打开朋友拿来的书看了起来。

看了一会儿，古龙抬头对朋友说："这小说的风格我一看就知道是谁写的，这个人我认识。虽然我很反感抄袭、模仿、盗用笔名等不齿行为，但是这个人写得很特别，文笔沉稳、文思奇特、章法老练。这个人的文笔在我之上，我看别找这个人的麻烦了。"

朋友很惊讶。

古龙说："实话告诉你吧，我知道这个人。他家境贫寒，父母都有病，孩子还小。他写稿的目的是挣点钱养家糊口，给父母看病。得饶人处且饶人吧。"

古龙的慈悲之心，令人肃然起敬。

人如果能多一些宽容，少一些苛责；多一些慈悲，少一些冷漠，那么，真正的和谐社会就离我们不远了。

▌帮助别人，不要让人感到难堪

春秋时，齐国的相国晏子有一次在路上看见一个奴仆，觉得他的神态、气质不像个粗野之人，就问他的名字，知道他叫越石父，以前是士人，因生活困顿而为奴。晏子就出钱给他赎身，并把他带回家。可是到了家之后，晏子没跟越石父告别，就一个人下车径直进屋去了。这件事使越石父十分生气，他要求与晏子绝交。晏子百思不得其解，问他："我过去与你并不相识，却使你重获自由，你应该感谢我才对，为什么要和我绝交呢？"

越石父回答说："一个士人如果被不知底细的人轻慢，是不必生气的；可是，他如果得不到朋友的平等相待，那就是耻辱！任何人都不能自以为对别人有恩，就可以不尊重对方；同样，一个人也不必因受惠而卑躬屈膝，丧失尊严。您用自己的财产赎我出来，是您的好意。可是，在回国的途中，一直没有给我让座，我以为这不过是一时的疏忽，没有计较；现在到了家，您却只管自己进屋，竟连招呼也不跟我打一声，这不说明您依然在把我当奴仆看待吗？因此，我还是去做我的奴仆好了，请您再次把我卖了吧！"

晏子听了越石父的这番话，肃然起敬，连忙自责失礼，并将他奉为上宾。

"贫者"越石父并没有认为自己人格是低贱的，而"富者"晏子在扶贫时不经意间流露出的优越感，给对方造成了二次伤害。这给我们提了一个醒，在做慈善、扶贫的时候，是不是要注意对方的感受，让人接受起来更舒服呢？

有一个认知希望大家扭转过来，我们行善的这个行为，其实是在帮助自己，而非他人。不管我们是想让自己更高尚，还是更有优越感，抑或是更有同情心，总之，我们是真心实意地想让自己更快乐。

关于"施"和"受"，有说施比受快乐，有说受比施快乐，那么到底哪个更快乐一些，这得看哪一方的意愿更强烈。在自愿的前提下，从快乐的角度出发，其实双方一直都是平等的。施也好，受也罢，并不存在谁欠了谁一说。

我们可以根据自己的意愿去随意行善吗？显然不能，因为你想在未经允许的情况下，拿别人当工具而给自己带来名声，带来精神或物质收益，这肯定是不对的。现在很多网红把行善拿来作秀，还有许多个人和企业恶意"诈捐"，这种"作秀式行善"，不仅消费了公众的善心，还使得社会慈善的公信力大大下降，可以说是一种恶行了。

有些人在行善时遇到对方不领情、不配合的情况，竟会产生"不识好歹"的想法，这已经不是行善，而是作恶了。

▌不落难不知社会的复杂

周勃是汉初功臣，跟着刘邦打江山，又拥立文帝即位，功勋卓著，受封拜侯，食邑一万户。晚年回到自己的封地，安享退休生活。

可能是他的家族在地方上势力太大，有人给文帝写信，告他谋反。文帝正想借机敲打敲打这些世家大族，就派人去调查，于是周勃身陷牢狱。

周勃进了监狱，饱受羞辱，这才知道在骄横的狱吏面前，前任相国如今只是别人脚下的蚂蚁，这里所遵行的是另一套规则，狱吏就是"土皇帝"。

于是，周勃用重金贿赂狱吏，问他们该怎样避过这次灾难。狱吏提示他可以请公主，也就是他的儿媳妇、文帝的女儿去做证。于是，周勃求公主去求助薄太后干预此事。文帝是大孝子，不敢违背母意，这才放了周勃一马。周勃出狱后，第一句话就是："吾尝将百万军，然安知狱吏之贵乎！"

这次遭遇让周勃认识到了社会的复杂性、多面性，上层有上层的规则，下层有下层的门道。

裴度是中唐时期的宰相，他在中书省任职时，有一次随从忽然来报告说，官印丢了！裴度神色安然，告诫随从们不要声张，因为当时正在举行酒宴，气氛正酣。半夜时分，随从们又报告说，官印又回来了，裴度也不答话，宴饮极欢而散。官印事件丝毫没有影响到裴度的活动，仿佛这一切都没有发生过一样。

至于为何官印丢了也不着急，裴度说："官印多半是被书吏们偷去私盖书券了。不急着追查的话就会被偷偷放回原处，追得太急的话官印就会被毁掉，再也找不着了。"

古代的行政机构，有官也有吏。官是由朝廷任命的、一个地区或一个部门的行政首长；吏，即胥吏，是行政机关的办事人员，诸多胥吏没有官阶，甚至没有俸禄，但身份特殊，行政工作的运行其实是靠他们。

都说"铁打的衙门，流水的官员"，几乎所有官在任职地都不会待太久，会升迁调任，但胥吏始终不变动而且很多世袭沿制谋事。所以，新官上任时，对此地都是白纸状态，什么都不知晓，不熟悉，经常"以胥吏为导向"，于是很多官就将公文要案交给胥吏，自己只签名盖个章了事。如此一来，胥吏的无形权力扩大，专权涉政之害逐渐显现出来。清朝的顾炎武曾说："柄国者，吏胥而已。"

胥吏的作用如此重要，地位却很低。在唐朝以前，胥吏还有一点点进入统治阶层的可能性。宋以后，科举考试日益规范化、公平化，朝廷可以从读书人中选拔官员，吏人就很难改变身份地位了。

胥吏因为没有前途，看不到希望，难免因循苟且，贪图眼前利益。而他越贪婪，就越被文人、士大夫看不起。这成了恶性循环。

问题是，士大夫斥骂胥吏，却很少有人关心他们没有正式俸禄（或待遇极低）的问题。一方面，胥吏要生存，只好去盘剥百姓；另一方面，胥吏所精通的法律诉讼、钱粮财政，都是管理社会必需的学问，士大夫一心读圣贤之书，却看不起这种学问。你不关心实实在在的学问，就不要怪人家上下其手了。"存在的就是合理的"，这句话不是没有一点道理。

人的一生就是一个不断认识社会的过程。不要以为年纪大、地位高就看透了社会，也许你一直生活在舒适圈，了解的只是自己熟悉的一亩三分地。为什么人们爱看美剧《纸牌屋》、国产剧《人民的名义》？因为认识社会是一个永不枯竭的主题。

认识社会的复杂并不是让我们同流合污，而是为了过好自己的人生。罗曼·罗兰有句话说得好："世界上只有一种真正的英雄主义，那就是在认清生活真相之后，依然热爱生活。"

▎分清益友与损友

孔子说："益者三友，损者三友。友直，友谅，友多闻，益矣。友便辟，友善柔，友便佞，损矣。"意思是，有益的朋友有三种，有害的朋友也有三种。朋友正直，朋友诚信，朋友知识广博，就得益了；朋友阿谀奉承，朋友口蜜腹剑，朋友夸夸其谈，就受害了。

与人交往，择友是非常重要的一个环节。朋友好，你能从朋友那里获得帮助，增长见识，提升格局，自然是受益无穷；相反，朋友不好，你将会在朋友那里受到意想不到的牵连和伤害，一失足成千古恨。

有这样一个故事：晋国大夫中行文子流亡在外，经过一个县城。随从说："此县有您一个朋友，何不在他的舍下休息片刻，顺便等待后面的车辆呢？"文子说："我曾喜欢音乐，此人给我送来鸣琴；我爱好佩玉，此人给我送来玉环。他这样迎合我的爱好，是为了取悦于我。现在我风光不再了，恐怕他也会出卖我以取悦别人啊。"于是他没有停留，匆匆离去。果然，那个人扣留了文子后面的两辆车马，把它们献给了自己的国君。

顺境中，特别在你春风得意时，凡来往多的都可以称为朋友。大家礼尚往来，杯盏应酬，互相关照。但如果风浪骤起，祸从天降，比如你因事落魄，或蒙冤被困，或事业失意，或病魔缠身，或权力不存等，这时，你倒霉自不消说，就连昔日那些笑脸相对、过从甚密的朋友也将受到严峻考验。这时对朋友的态度、距离，必将看得一清二楚。那时，势利小人会退避三舍，躲得远远的；担心自己仕途受挫的人，会划清界限；酒肉朋友因无酒肉诱惑而另找饭局；甚至还有人会乘人之危落井下石，踩着别人的肩膀向上爬。当然也有始终如一的人继续站在你身边，把一颗金子般的心捧给你，与你祸福相依，患难与共。

如古人所说："居心叵测，甚于知天，腹之所藏，何从而显？"答曰："在患难之时。"此时真朋友、假朋友，亲密的朋友、一般的朋友，铁哥们儿、投机者就泾渭分明了。

权力官位、金钱利益历来都是人心的试金石。有的人在当普通士兵时自觉人微言轻，尚与伙伴们情同手足，同喜共忧。一旦他的地位上升了，便官升脾气涨，交朋会友的观念也就变了，对过去那"穷朋友""俗朋友"便羞与为伍，保持一定距离了。

在利益面前，各种人的灵魂也会赤裸裸地暴露出来。有的人在对自己有利或利益无损时，可以称兄道弟，显得亲密无间。可是一旦有损于他们的利益时，他们就像变了个人似的，见利忘义，唯利是图，什么友谊、什么感情统统抛到脑后。比如，在一起工作的同事，平日里大家说笑逗闹，关系融洽。可是到了晋级时，名额有限，僧多粥少，有的人的真面目就露出来了。他们再不认什么同事、朋友，在会上直言摆自己之长，揭别人之短，在背后造谣中伤，四处活动，千方百计把别人拉下去，自己挤上来。这种人的内心世界，在利益面前暴露无遗。事过之后，谁还敢和他们交心认友？

当然，大公无私、吃亏让人的朋友也是有的。在利益得失面前，每个人总是会亮相的，每个人的心灵会钻出来当众表演，想藏也藏不住。所以，此刻也是识别人心的大好时机。

进而言之，岁月也可以成为真正公正的法官。有的人在一时一事上可以称得上是朋友，日子久了、共事时间长了，就会更深刻地了解他们的为人、他们的人品。"路遥知马力，日久见人心"，说的就是这个意思。如此长期交往、长期观察，便会达到这样的境界：知人知面也知心。

▌人情要送得巧妙，锦上添花不如雪中送炭

战国末年，秦国兴兵包围了赵国都城邯郸，赵国形势危急。魏国的信陵君与赵国平原君有亲戚关系，他十分想去救赵。在信陵君的劝说下，魏王派大将晋鄙率领十万大军援赵。

可是这时秦王放出话来："谁敢救赵，秦国下一步就准备灭谁！"由于受到秦王的恫吓，魏王最终命令晋鄙停止前进，屯兵汤阴。

信陵君心急如焚，可他不是国君，晋鄙的军队也不会听他的。这时他的谋士侯嬴对他说："我听说您从前帮魏王的宠妃如姬办过一件事。"

"是啊！这怎么了？"信陵君问。

侯嬴说："以前如姬的父亲被人杀了，如姬悬赏为父亲报仇，三年没能查到凶手。有一次，如姬因父仇未报向您哭诉，您派了一个门客去把她那仇人杀了。如姬非常感激，一直记着您的大恩，现在您可以用她一用了。如姬受魏王宠幸，偷出兵

符易如反掌，如果您开口请她把魏王的兵符偷出来，她一定会答应的。那到时，您就可以假托魏王之命，调兵遣将了。"

信陵君依计而行，果然，如姬二话没说，把魏王放在卧室里的兵符偷了出来。

信陵君拿到兵符，立刻奔赴前线，夺取军权，完成救赵的壮举。

信陵君能做成救赵拒秦的大事，得益于如姬的报恩。而如姬的报恩，是因为信陵君为人仗义，有手段，能做一般人做不到的事。当年信陵君送给如姬一个天大的人情，如今才能得到相应的回报。

送人情是一门学问，要送就送别人真正需要的，锦上添花不如雪中送炭。

西汉时，大将军卫青出兵征讨匈奴，深入漠北，一直打到余吾水才回师，因为战功卓著，汉武帝刘彻下诏赐给他千金。

卫青出宫门时，待诏公车署东郭先生拦住他的车，施礼说道："我想和将军说点事。"

卫青停下车，东郭先生对他说："王夫人新近得到主上的宠幸，但她家里很穷。今天将军得到千金的赏赐，假如能将其中的一半送给王夫人家，主上知道了一定会很高兴。"

卫青一听，觉得这真是个好主意，连忙向他致谢，并且立即将五百金拿到王夫人家里，给她的父母祝寿。王夫人把这件事禀报刘彻。刘彻根据平时对卫青的了解，觉得这个事情不像是他做的，于是就召见卫青，问是谁给他出的主意。

卫青老老实实地说："这是待诏公车署的东郭先生告诉臣的。"

于是刘彻立即召见东郭先生，任命他为郡都尉。东郭先生长期待诏公车署，穷得只剩一身破衣服，下雪天还穿着有帮无底的鞋子，如今只是说了一句话，立刻时来运转，官至两千石。

卫青是因他的姐姐卫皇后得宠的，但此时卫皇后因色衰而不再受宠，王夫人正是冉冉升起的新星。东郭先生敏锐地看到这一点，劝卫青向王夫人示好，这样的点子确实绝妙。而且，王夫人刚受宠幸，家中尚未脱贫，此时送礼更显珍贵；如果等王夫人家富贵起来，送礼攀缘的人踏破门槛，那时送礼也就平平无奇了。

■ 人都喜欢给自己的失败找借口

众多事业上没有成就的人，往往不假思索就能为他的不成功做辩解。他们有许多不成功的借口，让别人误认为成功之所以没有降临到他们的头上，是上天在捉弄他们，他们是那样的不幸。他们喜欢为自己的不成功寻找借口。

我们还听到这样的话："我都到了这岁数了，还折腾什么呀？"很多三四十岁的人也这样说。

还有很多人在问："做一个好人，或者凭良心做事，到底能赚到钱吗？"这就是错误的归因：明明是因为自己没有智慧，却总是责怪自己"太善良"了。因为"太善良"比"没有智慧"好听得多。

我们先看一个故事：汉武帝经常出巡以向民众示意治国之决心，有一次他将要出巡，路过宫门口时看到一位头发全白的老人，穿着很旧的服装，站立门口十分认真地检查出入宫门之人。汉武帝问老人："先生是否早任此郎官之职？为什么年纪已老还做郎官？"

老人答："我姓颜，名驷，江都人。从文帝起，经三朝一直担任此职。"

汉武帝问："你为什么没有升官机会？"

颜驷答："汉文帝喜好文学，而我喜好武功；后来汉景帝喜好老成持重的人，而我年轻喜欢活动；如今您做了皇帝，喜欢年轻英俊有为之人，而我又年迈无为了。因此，我虽然经过三朝皇帝，却一直没有升官，但我要的是称心如意的工作。"

这位老郎官几十年如一日，一直坚持从事看门工作，待遇也一直不高，却能忠于职守、兢兢业业地埋头工作，汉武帝十分感动，立即升任颜驷为会稽都尉。

颜驷几十年没有升职，真的没有自己的原因吗？他历仕三朝，换了三种用人风格的皇帝，都没有升迁的机会，那就应该在自己身上找找原因了，怎么能总是怪时运不好呢？就好比一名公司职员，在三位上司手下工作，都不能得到赏识，能说全是上司的责任吗？

这就是人性的基本属性：哪怕是失败了，也要给自己找一个冠冕堂皇的理由，让自己看上去不至于那么失败 —— 至少我还是一个善良的人。这就是自欺欺人：宁可去证明别人的成败是靠不择手段，也不愿意审视自己失败的真正原因。

▌你的善良必须有点锋芒

　　班婕妤，是汉成帝的妃子，出身官宦之家，相传为班固、班超和班昭的姑母。婕妤并非她的名字，而是汉代后宫嫔妃的称号。因后人一直沿用这个称谓，以致其真实名字不可考。这是一个近乎完美的女人，不仅貌美，而且贤德识礼，可以说是天下女性的楷模。

　　汉成帝为她的美丽而倾倒。为了跟这位美丽的妃子在一起，他特别命人制作了一辆较大的辇车，以便同车出游，但却遭到她的拒绝："看古代的图画，贤圣的君王都有名臣在旁，三代的末代皇帝才有宠妃在侧，现在陛下跟我一起乘车，不跟那些昏君一样了吗？"汉成帝被上了一课，只好端庄持重起来。

　　班婕妤才华横溢，琴棋书画无一不精；文学造诣极高，尤其熟悉史事，常常能引经据典，劝导汉成帝。对汉成帝而言，她不只是侍妾，亦是知己。平时还在德、容、才、工方面加强修养，希望对汉成帝产生更大的影响，使他成为一个有道明君。

　　知书识礼的班婕妤，最后的命运却让人叹息。因为她太严肃、太正统、太无趣，老是给汉成帝上课，汉成帝渐渐疏远了她，开始宠爱能歌善舞的赵飞燕姐妹。

赵飞燕因为和许皇后争宠，诬陷许皇后设神坛诅咒皇帝，捎带着把班婕妤也说成同党。在赵氏姐妹的诬陷下，汉成帝居然不顾旧情，要把她处死。而多亏平日的机智救了她，她对汉成帝说了一番情理并重的话："我听说生死有命，富贵在天，修正还没能蒙福，做这种坏事有什么用？鬼神如果有知，不会受理这种不正当的申诉，如果无知，申诉有什么用？所以我不屑于那么做。"

结果汉成帝感念她应对得好，怜悯她，奖给她黄金百斤。可是她的心死了，那个男人已经移情别恋，只要赵氏姐妹在，她永无出头之日。所以她自请去长信宫侍奉太后，在寂寞的岁月里，消磨花季的生命。

深宫幽幽，她听着远处的欢声笑语，想起往日恩爱荣华，暗自伤心，作了一首《团扇诗》："新裂齐纨素，鲜洁如霜雪。裁为合欢扇，团团似明月。出入君怀袖，动摇微风发。常恐秋节至，凉飙夺炎热。弃捐箧笥中，恩情中道绝。"她哀叹自己就像秋后的团扇一样，被冷落了，遗忘了。

其实，她的情敌赵飞燕姐妹，根本算不上强敌，她俩胸中本是草莽，无才又无德。以色事人，色衰而爱弛，焉能长久？德才兼备的班婕妤如果有手腕的话，完全可以击败赵飞燕，成为母仪天下的角色，赢得宫廷斗争的最后胜利。

可惜班婕妤不是武则天。她是一个好人，不够狠毒，不懂手腕。好人在现实生活中往往是软弱的，他们讲道德，不肯用下三烂的手段，心肠软，下不了狠手。

做人应该做好人，这是对的，但要记住，你的善良必须有点锋芒。

▎本章小结

你能满足别人的需要，别人自然会向你靠拢。你的能量越大，你的圈子自然就越大。

常怀一颗慈悲心，不要过分为难别人。

帮助别人，不要让人感到难堪。

经历磨难才知社会的复杂。"世界上只有一种真正的英雄主义，那就是在认清生活真相之后，依然热爱生活"。

第二辑

高手要懂的谋略之道

▌善于包装你的想法

有这样一个小故事：

猫是害怕辣椒的，怎样让猫吃辣椒？

有人说，把辣椒塞进猫嘴里，然后用筷子捅下去。可是这种办法太强硬。

有人说，让猫饿三天，然后，把辣椒裹在一片肉里，如果猫非常饿的话，它就会囫囵吞枣般地全吞下去。办法好一点了，但欺骗了猫。

最好的办法是，把辣椒擦在猫屁股上，当它感到火辣辣的时候，就会自己去舔掉辣椒。

这个故事，很有哲理。明明是强迫，但换了一种方式，却变成了对方自愿。

还有些人，精明得很，明明是在求人，却做出一副帮人的样子，搞得别人好像还要感激涕零似的。他们善于讲故事，用使自己获利的办法来使别人产生荣誉感。

大家如果看过《汤姆·索亚历险记》，一定记得汤姆被姨妈罚刷墙的故事。刷墙本来是一件苦差事，但他故意装作很享受的样子，一边刷墙一边用艺术家似的眼光审视一番。旁边一个男孩看了，也想试一试，汤姆提出要用他的苹果交换。最后一帮孩子抢着刷墙，不让他们刷都不行。而作为交换，汤姆得到了他们的一堆礼物。汤姆总结出人类行为的一大法则，那就是为了让一个人渴望干什么事，只需设法把这件事变得难以实现就行了。

汉朝时，汉武帝想削藩，但又怕诸侯们反对，万一再来个"七国之乱"怎么办？

有个大臣叫主父偃，向汉武帝献计说："现在诸侯们一般都有十多个子弟，但仅嫡长子可继位为王侯，其余的虽同是亲骨肉，却得不到尺寸的封地。这不能体现您作为天子的仁义孝悌之道。您如果让诸侯们给他们的每个子弟都分封一块土地，各自据以为列侯。这样，诸侯王的子弟都满足了自己的心愿，感受到您给每个人都施与了恩泽。而实际上，您已把各地的诸侯国化整为零，分而治之。不用我们动手削藩，他们的势力也自然衰弱下去了。"

汉武帝听后，觉得这个计谋很好，于是颁布"推恩令"。果然，通过广封列侯的方式，削弱了诸侯王的势力。

这个办法好，好就好在当事人自愿。允许诸侯把土地再分配，所有的孩子都有份儿，诸侯们高兴，皇帝也高兴。土地像蛋糕一样越切越小，想造反也造不成了。

高明的谋略家不把使用强力作为第一手段，而是设法使自己的目标与别人的利益相一致，别人自然会乐于接受。

三国早期，刘备还在刘表手下做事。刘表有两个儿子，长子叫刘琦，小儿子叫刘琮。刘表偏爱刘琮，冷落刘琦。刘琦听说诸葛亮学识渊博、智慧出众，就想求助诸葛亮。诸葛亮给他指了一条出路：现在江夏正好少一个太守，公子可以请求带兵驻守江夏。那样就可以避免灾祸了。刘琦接受了建议。

第二天，刘琦求见刘表，说想去防守江夏，刘表犹豫不决。请刘备来商量。刘备说："江夏是重地，别人防守不太可靠。正好公子愿去，我认为此事可以答应。"于是刘表就命刘琦领兵三千人赴江夏镇守重地去了。

在这场谋划中，诸葛亮就诱导着刘琦这条鱼自愿咬住"镇守江夏以自保"这个鱼饵，达到了自己的目的。其实，诸葛亮的本意是帮助刘备夺取荆州，偏偏刘备不肯乘刘表内外交困时下手，只好利用刘琦请求避祸之计的机会，提出镇守江夏的建议，为刘备将来不敌曹操时，留一个去处。

刘琦出守江夏是诸葛亮的一步棋，但这件事表面看起来，却是为了刘琦好。这说明，要善于包装自己的想法，让对方心甘情愿接受你的安排，实现共赢。

▌事情是做给人看的

人们判断事物，不是根据它们实际是什么，而是根据它们看起来是什么。凡看不见的东西就几乎等于不存在，所以那些做大事的人往往是出色的演员、行为艺术家、包装大师。

比如古罗马的恺撒大帝，他的演说极富激情和文采。他是历史上第一位了解权力与剧场之间互动关系的公众人物。他痴迷于戏剧，并且升华了这种兴趣，让自己成为世界舞台上的演员和导演。他说话就像在念台词，下面的群众欢呼响应，很多政令就是在剧场发布的，人们对他深信不疑。

《战国策》中，也有个"伯乐相马，马价十倍"的故事。说有个卖马人到集市上卖马，但路过的人总是视而不见，没人相信他卖的是好马。他便找来伯乐帮忙。伯乐只是绕马走了一圈，仔细地看了看，临走时还一步三回头，做依依不舍状，就达到了卖马人的目的。不一会儿，该马就以比原来高十倍的价格卖了出去。"伯乐相马"其实就是一种行为艺术。

唐太宗也是一个出色的演员。贞观年间，长安一带闹蝗灾，唐太宗忧心如焚，便在百忙之中，带着宰相房玄龄、魏徵等人前往皇家林苑，视察农作物的损失情况。他看到很多蝗虫在禾苗上啃食，便伸手抓了几只，骂道："老百姓靠庄稼活命，却让你们这些害虫给吃了！我宁愿你们吃我的五脏六腑，也不要你们吃老百姓的粮食！"举起手要把蝗虫吞下去，左右侍从连忙劝阻："皇上，使不得呀，蝗虫属肮脏之物，吃了会得病的，龙体安康要紧。"唐太宗一脸正气道："如果我能替老百姓受灾，实在是再好不过的结果，有什么好逃避的？"于是把蝗虫塞入口中咀嚼一番，吞进肚子里。

侍臣们全都被唐太宗的举动感动了，纷纷称颂他的仁慈，虽尧舜复生也不能跟他相比。

唐太宗让"吃蝗虫"整个过程充满了表演色彩。这事传出去让老百姓听到，哪有不感动得泪流满面的？收获明君的美名亦是理所当然。

上述事件，虽有夸大事实的成分，但表象与实质还没有发生偏离。而有些权谋家做事，他的真实目的就需要你细品了。

东晋时期，"北伐"经常被权臣拿来当道具。东晋偏安一隅，百姓渴望收复故土，一说北伐当然能赢得民心，获取政治筹码，所以权臣们屡试不爽。最典型的就是桓温北伐了。在东晋世族中，桓温的家族算不上显赫。但是，凭借着一系列的政治手段和平定蜀地的功绩，桓温最后成长为东晋一等一的权臣，大有取代司马氏的架势。但是，由于王谢家族的存在，桓温虽然手握兵权，却仍然无法做到改朝换代，这就使他将目光放在了北伐上，试图通过北伐来养兵自重，提高自身声望。因此桓温的北伐是雷声大、雨点小。

再接下来是刘裕北伐。刘裕出身贫寒，没有高贵门第，唯一的出路便是参军，通过战功挤入上层社会。战功从哪里来？主要是北伐。在一次次的北伐行动中，刘裕的权势不断得到加强，尤其在北伐后秦之后，他已经拥有了颠覆东晋的实力。对东晋政权来说，刘裕是比桓温更可怕的敌人。

有的人尽管优秀，但总是没有把局面做大，因为他做事一是一，二是二，缺乏想象力，没有形成剧场效应。一出戏，既要有演员，也要有观众，双方互相配合才能演得好。

█ 事情刚开始时，不要让人期望太高

孔子曾说过："古者言之不出，耻躬之不逮也。"意思是，过去人们之所以不轻易承诺，就是担心自己不能兑现承诺。

一个人在刚开始做一件事时，不要太高调。体面的开始应该是唤起人们的好奇心，而不是强化人们的期望值。如果现实超过我们的预期，或某种东西后来证明比我们预想的要好，那么我们就会感到更快乐。

某高校的一个系主任，向本系的青年教师许诺说，要让他们中三分之二的人评上职称。但当他向学校申报时，学校却意外地不能给他那么多的名额。他据理力争，跑到腿酸，还是不能解决问题。他又不愿意把情况告诉系里的教师，只对他们说："放心，我既然答应了，一定要做到。"

最后，职称评定情况公布了，众人大失所望，把他骂得一文不值。从此，他不但在系里信誉扫地，也给校领导留下了不好的印象。

所以在事情尚未完全确定之前，不要轻易"画大饼"，或做出过高承诺。一个不能实现的承诺对期望者来说是一大蹂躏。平时我们应该谨言慎行，理智行事，多考虑，少承诺。在接受某个任务或者别人求自己帮忙时，明智的人总是这样回答："这件事情我需要先考虑一下再做决定。"

东汉末年有两位名士，一个叫华歆，一个叫王朗，两人是好朋友。有一次他们一起乘船避难，遇到一个人想搭船，华歆反对搭载陌生人。王朗说："幸好船里还有地方，有什么不可以呢？"于是载上那人继续行驶。没多久，有贼寇追来，王朗后悔不已，想把搭船的人丢下。华歆说："当初我之所以犹豫，正是怕出现这种情况。现在既然已经让他搭船，难道能够因为情况危急就把人家抛弃吗？"于是仍旧像开始一样和那个人同行。

世人用这件事情来评定华歆、王朗二人人品的高下。王朗一开始做事高调，但遇到麻烦就没有了担当，打自己脸，让世人耻笑。

在生活中，不要轻易给人"画大饼"，也要远离那些爱"画大饼"的人。

▌把事办得妥帖，皆大欢喜

把事情办得周全，将各方面的因素都考虑到，才叫高明。当然，这种境界不是那么容易达到的，需要阅历，需要积累，有时还需要你处在比较高的位置上才办得成。张之洞在官场上也深得"妥帖"之要义，他在把王之春从广东调到湖北这件事上，就做得很漂亮，让方方面面都满意。

张之洞到湖北以后，想大兴洋务，但缺少得力的助手。这时，恰好湖北藩司黄彭年去世了，空出了职位。于是，他就想趁着朝廷尚未定下人选的时候，推荐自己的心腹来此任职，这样新任藩司与自己同心同德，在湖北大举推行洋务时，阻力就小得多了。

张之洞与自己的心腹幕僚一起，商量来商量去，觉着现任广东臬司的王之春比较合适。王之春是张之洞在广东时一手提拔起来的，他对张之洞自然是忠心耿耿，感恩有加，调他来湖北，他自然会同意。但张之洞考虑问题又多了一层：王之春是个有能力的人，他即使不来湖北，也能在广东升任藩司，现在要把他调来，就应该为广东物色一个合适的藩司人选，这样，王之春才走得开，调来湖北的把握才更大一点。

他的幕僚提出不妨推荐湖北臬司成允去广东做藩司，这样有两个好处：一是成允是现在军机处领班礼亲王世铎的远亲，世铎一定愿意帮助成全他，而他自己对京师门路也很熟。如果由张之洞出面，表示要荐举他去广东做藩司，他一定会倾力在京师活动，尽快促成此事，而王之春从广东调来，湖北之事就好办多了。二来又可腾出湖北臬司一职，再调来一个同心同德、愿意协助自己举办洋务的人，就又多了一个帮手。这样在湖北办洋务的力量就更强了。

经过张之洞的运作，王之春很快调到湖北；而成允去广东做藩司，得到了提拔，他自然也满心欢喜。真可谓一石二鸟。接着，张之洞又考虑好了臬司人选，即江西义宁人陈宝箴。十多年前张之洞就在京师认识了他，认为这个人气宇宏阔，能办实事，自己曾多次向朝廷保举过他。三年前陈宝箴在浙江按察使任上被人无端弹劾，现在京师赋闲，正好让他到武昌来顶成允的缺。而自己此时保荐陈宝箴，又无异于雪中送炭，他自然感激不尽。

这样，经过张之洞一番周密的筹划，事情的结果果然如他所愿：王之春顺利调来湖北做藩司，陈宝箴当上臬司。他们两人的到来，使张之洞如虎添翼。

经济学上有个概念叫"帕累托改进"，是指资源分配的一种理想状态。假定存在固有的一群人和可分配的资源，从一种分配状态到另一种状态的变化中，在没有使任何人境况变坏的前提下，使得至少一个人变得更好，这就是"帕累托改进"。

高手做事，善于把各方利益都兼顾，在这个过程中，没有人利益受损，且至少有一方利益增加了，那么皆大欢喜。

▌寻找贵人相助

一个人要想成大事，固然要靠实干，但有人一辈子实干也未必成功。这大约是缺少贵人相助。

贵人可能是身居高位的人，也可能是令掌权人物崇敬的人。这样的人经验、专长、知识、技能等在那个圈子里"名头"响，说话管用。让贵人扶上一把，有时可以省很多力。

李鸿章早年屡试不第，"书剑飘零旧酒徒"，他一度郁闷失意，然而在 1859 年他却受到了命运之神的眷顾，从一个潦倒失意客一跃成为湘系首脑曾国藩的幕僚，从此他的宦海生涯翻开了新的一页。

李鸿章拜访曾国藩，牵线搭桥的是其兄李瀚章，李瀚章当时是曾国藩的心腹，随曾国藩在安徽围剿太平军。有了这层关系，曾国藩把李鸿章留在幕府，"初掌书记，继司批稿奏稿"。李鸿章素有才气，善于握管行文，批阅公文、起草书牍和奏折甚为得体，深受曾国藩的赏识。

有一次，曾国藩想要弹劾安徽巡抚翁同书，因为翁同书在处理苗沛霖事件中决定不当，后来定远失守时又弃城逃跑，未尽封疆大吏守土之责。曾国藩愤而弹劾，指示一个幕僚拟稿，却总是拟不好，亲自拟稿也还是不妥当，觉得无法说服皇帝。因为翁同书的父亲翁心存是皇帝的老师，弟弟是状元翁同龢。翁氏一门在皇帝面前正是"圣眷"正浓的时候，而且翁门弟子布满朝野。怎样措辞才能让皇帝下决心破除情面、依法严办，又能使朝中大臣无法利用皇帝对翁氏的好感来说情呢？

最后，这个稿子由李鸿章来拟。奏稿写完后，不但文意极其周密，而且有一段刚正的警句，说："臣职分所在，例应纠参，不敢因翁同书之门第鼎盛，瞻顾迁就。"这一写，不但皇帝无法徇情，朝中大臣也无法袒护了。曾国藩不禁击节赞赏，就此入奏，朝廷将翁同书革职，发配新疆。

通过这件事，曾国藩更觉李鸿章才大可用。

有人曾在很多公司中做过统计，发现 90％的中、高层领导有被贵人提拔的经历；80％的总经理要得贵人赏识才能坐上宝座；自行创业成功的老板100％受恩于贵人。

职场人的贵人也许就是此人的师傅、教练、顶头上司。不论在什么行业，把年轻人"扶上马再送一程"向来是传统，这种情况在体育界、演艺界、政界更是如此。没有背景来头，没有靠山撑腰，不是名门之后，凭自己崭露头角，谁认识你是谁啊？

话又说回来，如果一个人一无所长，则很难得到贵人赏识。即使侥幸获得高位，也肯定有一群人等着看笑话。贵人也会比较谨慎，选择一个"扶不起的阿斗"，那不明摆着往自己脸上抹黑吗？"相马相出一个癞蛤蟆"，那可是天大的讽刺。

"伯乐相马"同时"良禽择木"，所以双方最好各取所需，以诚相待，投桃报李。

受贵人相助，有利也有弊。因为有些贵人提携新人，是出于爱才、出于公心，但也有人是有私心的，为了培养班底，增强自己的实力。如果贵人倒台，身败名裂，你作为他的党羽，也要小心受到牵连，影响仕途、财运或名誉。

▍不要轻易站队，以免授人以柄

曾国藩在他的生命历程中遇到了几个贵人，第一个叫穆彰阿。曾国藩刚进入官场的头十年升迁得很快，一个最主要的原因是当时的皇帝很欣赏他，但道光皇帝之所以欣赏曾国藩，是因为当时的朝堂重臣穆彰阿的举荐。

第二个就是肃顺。肃顺是咸丰时期著名的政治家，他虽是满人，但认为当时满人中已无法产生人才，主张重用汉人挽救危局，极力向咸丰皇帝推荐曾国藩。

当时清政府为对抗太平军，建立江南大营，却屡遭惨败，两江总督何桂清临阵脱逃。咸丰皇帝愤恨不已，寝食不安，想选一个可靠的人代替何桂清。一天，咸丰皇帝对军机大臣肃顺说，拟授胡林翼为两江总督。肃顺听后沉吟片刻，说："胡林翼才学优长，足堪江督之任，但若调离，鄂抚一职则无人可代。"皇帝问："叫曾国藩任鄂抚如何？"肃顺说："六年前，皇上命曾国藩署鄂抚，几天后又撤销了任命，如今再次任命，显得皇上恩德不重。不如干脆叫曾国藩做江督。胡与曾是好友，必定会协调合作。那时上下一气，东南局面将有转机。"皇帝点头说："你考虑的是，就这样办吧！"曾国藩遂得到了他盼望多年的封疆之职。

这回曾国藩圆了夙愿，肃顺可是帮了大忙。肃顺就此事还给胡林翼写了一封信，做胡的工作，让他不要因未做江督而介意，今后与曾国藩团结合作，共图大业。胡林翼又将此信转给曾国藩看。

曾国藩自然对肃顺非常感激。但同时，他认为肃顺不该在上谕未达时给胡林翼写信，这不仅违反朝廷定制，泄露了皇朝绝密，也是他肃顺自己在拉山头。本来汉人做地方大员就犯了清朝之忌，皇族中一定会有不少权臣反对，而肃顺敢于任用汉人自是明智之举，却拉拢汉官作为依附，这实在非国家之福。所以，他明知肃顺在暗送秋波，但假装不知而未与他有私下的往来。

咸丰皇帝三十岁就去世了，以肃顺为首的辅政八大臣辅助他六岁的儿子登基，就是同治皇帝。这时候，同治皇帝的母亲慈禧太后发动了一场宫廷政变，以肃顺为首的八大臣都被处死。当时，在肃顺的家里找到一个绝密的大箱子，里面装的都是全国各地的官员向他表忠心的书信。所有的人都写了，唯独没有曾国藩的，这让慈禧太后非常满意，深信曾国藩是一个忠于朝廷的大臣。所以曾国藩真正执掌大权就是从慈禧太后开始的，今后朝廷任命各部尚书、地方督抚，都要先听曾国藩的意见。

曾国藩对升迁路上的贵人，态度与常人不太一样。别人要是遇到所谓的贵人或帮助自己的人，往往会马上和这个人建立一种非常亲密的私人关系，把个人的政治生命和贵人联结在一起。但是曾国藩没有这样做，曾国藩跟穆彰阿和肃顺这两个人都保持了一种有节制的个人往来，频率也没有很高，也没有太多的私人交往。

曾国藩为什么这样做？因为曾国藩的人生哲学是"尚拙"，他一生所有做事的思路都是瞄准最远大的目标，不在乎一城一池的得失。曾国藩很早就想清楚一个道理，在传统政治当中风险是很高的，尤其是大人物的政治风险，你跟这个人跟得特别紧，一旦他倒台，你可能也会受连累。他跟穆彰阿、肃顺都明智地保持了相当的距离，所以后来穆彰阿和肃顺的接连倒台，曾国藩没有受到任何牵连。

▌警惕捧杀

每个人内心深处都喜欢听好话，但在听到别人的好话时，还需要保持清醒的头脑，小心被捧杀。

捧杀有两种情况，一种是当面捧杀，吹捧一个人，让他自我膨胀，放松警惕，做出蠢事来。古往今来，许多英雄都倒在这种捧杀之下。不过当面捧杀还是可以防范的，还有一种捧杀就让人防不胜防了。

在《官场现形记》中，一个叫周果甫的幕僚在巡抚衙门中被巡抚的心腹师爷戴大理所压制，周果甫虽受打击却不动声色。在戴大理准备外放肥缺的关键时刻，周果甫跑到巡抚面前狠狠地夸了戴大理一通。他说戴大理太有本事了，对巡抚大人太重要了，如果他走了，别人根本无法代替这个人。现在上面对奏折特别挑剔，湖南、广东两省的巡抚就因为折子里有了错字，或者抬头错了，就被上头申饬，影响了仕途。这个人您现在可不能放他走啊。巡抚一想也是，便把肥差给了别人。好好的一个知县职位就这样泡汤了，戴大理跟随巡抚几十年不就是为了这一天吗。这个捧杀很隐蔽，当事人被暗算了还不一定知道。

西晋年间，鲜卑首领秃发树机能在凉州叛乱，晋廷前去平叛，竟连吃败仗，朝野震动，司马炎更是饭也吃不下，觉也睡不着。这时侍中任恺和中书令庾纯来到宫中，称他们有消灭秃发树机能的办法。

司马炎急忙问道："你们有什么办法？"

任恺道："现在秃发树机能已经占领了西北两个州。皇上您之所以不能打败他，是因为没有选对大将。"

司马炎说："朝中大臣谁堪胜任？"

任恺和庾纯异口同声地说出一个人："贾充！"

贾充是司马炎的近臣，官任侍中、尚书令、车骑将军，相当于朝中宰辅，但并不懂军事。司马炎有些疑惑，问任恺和庾纯："派他去能行吗？没听说他会打仗呀。"

任恺和庾纯其实恨透了贾充。贾充讨好司马氏家族而灭曹氏的做法深为二人所不齿。但两人知道，以贾充现在的势力以及司马炎对他的宠幸，仅凭他们两人，用正常的办法是无法扳倒的，于是他们便想出了捧杀之计。

任恺和庾纯一致赞叹贾充太能干了，"足智多谋，威望素著"，如果派他带兵，下面的人一定服气，大家必能团结一心，不出一年，一定能平定叛乱。

司马炎本来对贾充印象就非常好，如果是有人说贾充的坏话，他倒会考虑一下。但两个人使劲一夸贾充，让司马炎觉得也是这么回事，于是下令，贾充带兵西征。

贾充接到命令时吓得倒吸冷气："这一定是有人害我！"派

人一查，果然是任恺和庾纯两个人在搞鬼。

贾充向死党荀勖求助，荀勖给他出主意，说皇上一直在为太子的婚事操心，你如果能把女儿嫁给太子，也就不需要出征了。贾充等人于是买通了皇后杨氏，又在皇帝面前大造舆论，终于使司马炎答应了以贾充之女贾南风为太子妃，嫁给司马炎之子司马衷。由此，贾充成了司马炎的亲家。后来司马炎碍于亲家的面子，也就不再提及让其挂帅西征之事。费了九牛二虎之力，一场捧杀方才化解。

▌ 小心树大招风

《史记·游侠列传》记载了郭解这个大侠。郭解是河内轵县（今河南济源）人，其性格既有残忍的一面，又有侠义的一面，是一个既让人惧怕，又颇有人格魅力的人物。

郭解少年时，因父亲死得早，缺乏管教，干过不少犯法的事。长大后，他渐渐明白了事理，就弃恶从善，以德报怨，行侠仗义。做了好事后，他从不炫耀自己，也不要求人家回报。一时间，乡里的年轻人都很仰慕他，将他当成大哥看待。

《史记》具体讲述了他三件事。一是，郭解的外甥仗着舅舅的名声、势力欺侮人，被人杀死，杀人者跑了。郭解的姐姐怨弟弟不为她复仇，便把儿子的尸体扔在道路上，不埋葬，丢郭解的脸。杀人者怕郭解追杀，自动找到郭解说明情况。郭解说：

"你没有错，都怪我外甥不讲道理。"二是，有人对郭解甚是倨傲，故意轻慢他，郭解的门客们非常气愤，想把那人杀死，而郭解却不计较，说："吾德不修，他有什么错呢？"郭解还主动找人替他免掉徭役，让他惭愧不已，主动请罪。三是，洛阳有对仇人，当地头面人物多次调停也无法和解，郭解到洛阳却把这对仇家化解了。然而郭解感到自己有损当地头面人物的面子，于是连夜离开洛阳，使外人以为仇家的和解是洛阳贤达劝解的结果。

这三件事在今人看来郭解活得多累啊！郭解为了自己的名声，保持低调，甘于牺牲，应该平安顺遂吧？然而并不是。

汉武帝为了把关外豪富全部控制起来，发了一个诏令，要求他们迁徙到都城长安附近的茂陵。郭解家里并不富裕，财产不到三百万钱，不属于迁徙的范围，然而，当地县吏却把郭解列进名单。郭解就请车骑将军卫青向皇帝说情。

汉武帝听后笑着说："一个布衣权势大到能使将军替他说话，这样的人家肯定不穷。"最后，汉武帝拒绝了卫青的请求，郭解无奈只好举家迁到茂陵去。他出发时，为他送行的有上万人。

郭解迁入关中后，这里的英雄好汉，无论是否和他相识，都争相和他来往。不久，郭解的侄子杀死了轵县的那名县吏。这家人的亲属就给朝廷上书告状，结果也被郭解的崇拜者杀死在宫门之下。这些事郭解并不知情，但他的影响力实在太大，汉武帝最终还是借故把郭解"族诛"了。

郭解罪在哪里？一介平民，居然有那么多崇拜者，左右舆论，甚至妨碍司法。这是统治者不愿看到的。在御史大夫公孙弘看来，一些人不用郭解支使就替他去杀人，郭解虽然不知情，但这比知情还可怕，就凭这一点还不该杀吗？

香港富豪李嘉诚，平时为人谦虚谨慎，毫无风头意识，尽可能保持低调。他特别忌讳树大招风，曾自言："我喜欢看书，现代的、古代的都看，常常看到深夜两三点钟。在看完苏东坡的故事后，就知道什么叫无故伤害。苏东坡没有野心，但就是被人陷害了，他弟弟说得对：'我哥哥错在出名，错在高调。'这个真是很无奈的过失。"

在日常工作和生活中，李嘉诚对每一个跟他打交道的人都表示足够尊重，并设身处地为对方着想，从不摆架子。比如，他比较讨厌接受记者采访，因为记者有时很难缠。有一次，一个比较让李嘉诚心烦的报社记者在公司楼下等他，想从他嘴里得到只言片语的新闻素材。李嘉诚出来后，照例拒绝了这个记者的采访。李嘉诚上车后，正要离去，一位下属告诉他，这位记者已经等了两个小时。李嘉诚立即叫司机停车，向记者表示可以谈一下。因为他不忍心记者"站了两个小时，回去没有东西交代"。

一个人站到高处，能够看得更远，但同时也容易成为靶子。明枪易躲，暗箭难防，真正的智者都懂得保持低调，避免无故伤害。

▌ 寻找你的盟友

武则天是一个野心勃勃的女人，经过远超常人的努力，最后她终于如愿以偿地走上权力的巅峰。她的成功，不仅靠心狠手辣，更靠自己对利益格局的了解和驾驭。

武则天本是唐太宗后宫的嫔妃，等级不高，也没有受到什么宠爱，但是在太宗生前，她就和太子李治，也就是后来的唐高宗暗中结下私情。唐太宗驾崩之后，唐高宗旧情难忘，想尽办法把她接回皇宫，成为一名妃子。武则天处心积虑想取代皇后，在她的运作之下，唐高宗真的动了废后的念头。

如果要以为换皇后就是皇帝一个人的决定，那就过于幼稚了。谁做皇后、谁当太子可不是皇帝的家事，它关系到不同政治集团的巨大利益。因为每个大臣都有自己现实的处境，有人想升官，有人想求稳，而且，朝中那些政治寡头也和其他大臣有着各种恩怨，所以真的到了站队表态的时候，我们看到的是一片熙熙攘攘的吵闹局面。

对于唐高宗的这一想法，国舅长孙无忌极力反对。长孙无忌在政治权术上虽然不及他人，但是他当时在朝中的地位无人可比；而且，作为中老年大臣，他对于某些问题十分固执，比如说，皇帝家庭和事业的双重成功，在他看来是天经地义的事情，是无法改变的，一旦皇帝换了皇后，就说明他的家庭生活不幸福，是失败的。所以，他用漠视的态度表达了自己的看法，想让唐高宗自己打消念头。

另外一个老臣褚遂良的态度则激烈得多。其实，褚遂良一直以来都没有几次这么旗帜鲜明的表现，这次主动冲上去，主要是他和长孙无忌立场一致，长孙无忌的态度是漠视，他就要高调反对。簇拥在长孙无忌和褚遂良周围的，是那些与他们关系密切，颇具固执性格，对君主个人道德要求很高的大臣。

可是，谁都知道换皇后是大事，可以从中大捞一笔。所以，一个即将降级的大臣李义府抓住机会，打报告要求迅速进行换皇后工作。唐高宗在一片反对声中听到这样的话，自然十分兴奋，马上给他升职。同样，几十年没有成为政治活动领军人物，而且和长孙无忌派素来不睦的中老年大臣许敬宗也冲向"聚光灯"，为唐高宗的换皇后计划鼓掌助威。随之而来的一批政治上颇有抱负，但因为中央用人大权被长孙无忌控制而没有机会施展拳脚的中青年官员也加入了拥护换皇后的阵营。但是，真正要进行朝廷重要会议，他们根本没有发言的机会，连能否列席都是个问题。

所以，最后的局势演变为唐高宗、武则天与长孙无忌等元老重臣之间的较量。重臣的支持者仍然是重臣，皇帝的支持者都是人微言轻而且对道德观念不是那么看重的中下层官员。看起来好像是大臣们之间站队，但是皇帝自己也要站，而且他希望大臣和他站一个队。

在御前会议上，双方发生了争执，而且双方都采取各种方式，互相揭伤疤、翻老底，企图给对方扣上道德败坏、衣冠禽兽、破坏朝纲、违背太宗皇帝以来的大政方针之类的罪名。唐高宗主动提出了王皇后没有生育儿女并且企图暗害皇帝两项重要罪名；褚遂良针锋相对，指出武则天品行不端、家庭出身不好、隐瞒婚姻史等不良行为，说到动情之处，以头抢地，血流成河。正当他说得慷慨激昂之际，武则天在帘子后面大喝一声，要求杀掉这个"蛮子"。这么一闹，双方再无合作的可能。

换皇后这个问题，和朝廷大政方针的控制权联系在一起，所以一旦放弃了对这个问题的立场，马上就会失去日后把持朝政的机会。事情发展到这一步，双方可以说都不能胜出，僵在那里了。

这个时候，当时最著名的将领李勣含含糊糊地表态了。他对高宗说，家里的事情，不用外人掺和，该怎么着就怎么着。对于一个当年以军事立国的政权而言，老帅的话是特别有分量的，高宗听了之后精神焕发，局势就这样逆转。朝臣的站队情况已经一目了然，唐高宗自己也选好了队伍。

于是，武则天如愿以偿当上了皇后。

当博弈的双方有着共同的利害关系时，选择合作就是明智的策略。《红楼梦》中四大家族"一荣俱荣，一损俱损"就是这个意思。我们也可以称之为"利益捆绑"。如果在困境之中，有人与你因为同样的原因而无法抽身，那么，哪怕他是你的敌人，也存在着合作的可能。

武则天能登上皇后的宝座，其实是因为她深谙群臣的政治利益格局，巧妙地加以利用，才取得成功的。那些期望通过她当上皇后而获得权力的大臣，尤其是那些中青年大臣，特别想取代长孙无忌、褚遂良这些朝中的老臣，自然不遗余力地支持她。他们与武则天就成了一对渴望突破困境的"囚徒"，合作符合双方的利益，合作的结果是双赢。

▊ 建好你的根据地

　　一切博弈，不能是无源之水，无土之山。必须有稳定的根基，为你提供强大支持。丧失了根基，也就没有了根本，一切的努力，到最后都是黄粱一梦，空中楼阁。

　　让我们看看战国的孟尝君。

　　齐相孟尝君受到齐王的猜疑，在国内处境不佳，准备西入秦国求发展。很多人都劝他不要去，他一概不听。苏秦也想劝他，却吃了闭门羹。苏秦让门人传话说："臣这次来，不敢谈人间的事，而是想讨论一下鬼神的事，求您接见。"

　　孟尝君就接见了他。苏秦对他说："臣这次来齐国，路经淄水，听见一个土偶和桃人交谈。桃人对土偶说：'你原是西岸之土，被捏制成人，到八月季节，天降大雨，淄水冲来，你就残破不全了。'土偶说：'你的话不对。我是西岸之土，即使为大水所毁，我仍在西岸。而你是东方桃木雕刻而成，天降大雨，淄水横流，你随波而去，还不知要流落何方呢！'秦国是虎狼之国，而殿下入秦，臣不知道您能否安然而出啊。"孟尝君听了之后就取消了行程。

"皮之不存，毛将焉附"，人要想成大事，一定要有自己的根据地，脚下站不稳，哪儿来的力量和他人竞争？

后来，孟尝君得到了他一生最重要的谋士——冯谖。冯谖为他经营了"狡兔三窟"，一是烧了他的封地薛邑百姓欠孟尝君的债券，使薛邑百姓无比感激孟尝君；二是炒作孟尝君在国外的影响，迫使齐王任命孟尝君做长期的相国；三是建议孟尝君说服齐王把世代相传的祭器送到薛邑建立宗庙，这更奠定了孟尝君在齐国的稳固地位。有这"三窟"，孟尝君当然可以高枕无忧了。

要经营和发展人生，要成就事业，一定要有自己的根据地。在这里，你可以获得各种资源的补给，最能给你信心；这里是你事业稳步起飞的地方；在这里你的人际关系最多；这里有你最擅长的经营领域。那么，你一定要经营好它，等到有了足够的实力，再向外拓展也不迟。

我们再看刘备的一生，其实就是寻找、建立根据地的奋斗史。他总是吹嘘自己是汉室的旁支余脉，希望镀镀金，但这对他的发展并无实质帮助，毕竟当时天下大乱，竞争靠的是实力。在当时的军阀混战中，他先是依附袁绍，袁绍被曹操打败后，他只得带着亲信张飞、关羽，去投靠荆州牧刘表。刘表对刘备很客气，拨给他一些兵马，可对他有些不放心，叫他屯驻在偏僻的小小的新野县城。此时的刘备寄人篱下，名气虽大却没有实力，他像一头没有自己山林的老虎一样，闷闷不乐。

后来的故事大家都很熟悉，他听了徐庶的建议，几经周折结识了"卧龙"诸葛亮，在隆中诸葛亮的家里，两人开始了激动人心的对话。

刘备说："现在汉室衰颓，奸臣当道，我不自量力，想要出来安定天下。但是，我的智谋短浅，能力薄弱，直到现在都没有什么成就。请先生指教，我应当怎么办才能够成功呢？"

诸葛亮见刘备谦虚诚恳，就对当时形势进行了精辟的分析，给刘备提出了一整套统一全国的战略方针。他说，现在曹操在北方很强大，挟天子以令诸侯，您无法和他争锋；至于孙权，他占据长江天险，老百姓归附他，有才能的人肯为他效力，因此对他只能联合，不能打他的主意；荆州地势险要，四通八达，是个用兵的地方，恰好荆州主将刘表平庸，您应当取而代之；益州物产丰富，号称天府之国，而且四面都有要塞，易守难攻。将军如能先占据荆州，站稳脚跟，再取益州，励精图治，充实国力，联合孙权，然后等待时机，再向中原发展。那么，统一天下的大业就能够获得成功。

诸葛亮的话使刘备精神抖擞，从那以后，他的人生有了目标，开始为领地而战了。

是啊，连个根据地都没有，还折腾个什么劲？就算再折腾，又能折腾多久？战国说客张仪，年轻时被人暴打，他问妻子："我的三寸之舌还在吗？"妻子说："还在。"他便放了心，因为发迹的资本并未丧失。当代的史玉柱，20 世纪 90 年代因"脑黄金"扩张过快而垮，但他很快靠"脑白金"再度崛起，因为对于保健品营销他得心应手，已入化境，再加上骨干人员仍在，卷土重来也是弹指之间的事。

很多人空有一番抱负，却一直没有弄清自己擅长什么，找不到自己的核心竞争力在哪儿，那么只能不断为别人打工。

▊ 人生似戏，演技添彩

历史上最会做戏的人，莫过于王莽。

西汉末年，朝廷重用外戚，王莽的姑姑王政君以皇太后的身份执政。"一人得道，鸡犬升天"，王家几乎人人都骄奢淫逸。唯独这个王莽，粗布陋衣，淡茶糙饭，"与老百姓打成一片"，广被称赞。王莽后来位极人臣，然其谦恭、俭朴、忠诚、克己等种种美德未曾消减。以后，王莽羽翼逐渐丰满，终于在朝野一片的称颂声中露出其庐山真面目，他毒杀了十四岁的汉平帝，挑选了不满两岁的刘婴做傀儡皇帝，自己当起摄政王，还嫌不够，最后干脆篡汉，做了十五年的皇帝。为此，白居易曾写下了这样的诗句："周公恐惧流言日，王莽谦恭未篡时。向使当初身便死，一生真伪复谁知？"

王莽处心积虑，立自己女儿为皇后，便是一个典型事例。

汉平帝当政时，王莽已掌握大权，并有篡位之图。当时汉平帝只有十几岁，还没有立皇后。王莽便想把自己的女儿许配给汉平帝，当上皇后，以稳固自己的权势。

一天，他向太后建议说："皇帝即位已经三年了，还没有立皇后，现在是操办这件大事的时候了。"太后哪有不允之理。一时间，许多达官显贵争着把自己的女儿报到朝廷，王莽当然也不例外。然而王莽想，报上来的女孩，有许多人比自己的女儿强，不耍花招，女儿未必能入选。于是他又去见太后，故作谦逊地说："我无功无德，我的女儿也才貌平常，不敢与其他女子并举。请下令不要让我的女儿入选吧。"太后没有看出王莽的用心，反而相信了他的"至诚"，马上下诏："安汉公（王莽的爵号）之女乃是我娘家女儿，不用入选了。"

王莽如果真是有意避让，把自己的女儿撤回来就行了，但一经他鼓动太后下令，反而突出了他的女儿，引起了朝野的同情。每天都有上千人要求选王莽之女为皇后。朝中大臣也给说情，他们说："安汉公德高望重，如今选立皇后，为什么单把安汉公的女儿排除在外？这难道是顺从天意吗？我们希望把安汉公之女立为皇后！"于是王莽又派人前去劝阻，结果越劝阻说情的人越多。太后没有办法，只好同意王莽的女儿入选。

王莽抓住这个时机又假惺惺地说："应该从所有被征招来的女子中，挑选最适合的人立为皇后。"朝中大臣力争说："立安汉公之女为皇后，是人心所向。请不要再选别的女子干扰立后这件大事。"王莽看到自己的女儿被立为皇后已成定局，才没有表示推辞。不久，王莽的女儿就当上了皇后。

当然，这个局离不开下属的配合。这是心知肚明的事，都在官场摸爬滚打多年，谁还没这个眼力见儿？

▌宠辱不惊，笑到最后

狄仁杰，字怀英，并州太原人，高宗时期历任大理寺丞、豫州刺史、洛州司马等职，为人刚直，几经沉浮。武则天称帝后，将他调入中枢，不久授予宰相之职。

当时的情况是，武则天为了巩固政权，防止唐朝旧臣反抗，对政敌进行严厉打击，而且重用索元礼、周兴、来俊臣等酷吏，专办所谓谋反大案。他们在审案时，常先把刑具罗列出来，使被审人胆战心惊，望风自诬，并广加牵连，构成大狱。而武氏家族依靠武则天的权势，狐假虎威，不可一世，大有"顺我者昌，逆我者亡"之意。狄仁杰、魏元忠等刚正不阿的大臣人人自危，颇有朝不保夕之感。

祸事果然降临。狄仁杰因为极力反对武则天将武承嗣册立为太子，坏了武承嗣的大事。为了拔除这个眼中钉、肉中刺，公元692年，武承嗣与来俊臣密谋，诬陷狄仁杰、魏元忠、李嗣真等七人阴谋叛乱。狄仁杰等人下狱后，来俊臣诱导他们自动招认，因为当时出台了一条规定，自动招认的可以减罪免死。

狄仁杰叹气说："大周顺应天命，革故鼎新，我们是唐朝旧臣，甘愿听任诛戮，谋反的确是实情。"见狄仁杰这么配合，来俊臣很满意，遂下令收监等待发落，不再使用酷刑。狄仁杰承认谋反，来俊臣便放松了对他的监视。狄仁杰向狱吏借来笔墨，从被子上撕下一块帛，书写冤屈情况，塞在棉衣里，请求送回家中。负责看守的王德寿并未起疑，让人送交给狄仁杰的儿子狄光远。狄光远持帛书向武则天诉冤。

武则天看罢帛书，大吃一惊，立刻召来俊臣质问。来俊臣从容辩称："臣并未对他们用刑，连他们的冠带都未曾剥下，饮食寝宿也一切如常。假如没有谋反的事实，当初他们为什么承认谋反？臣估计是他们又反悔了。"对于来俊臣的这番话，武则天将信将疑，便派人去狱中调查。来俊臣先给狄仁杰穿戴整齐，然后让使者入内查看。另外又代狄仁杰写了一份请求赐死的《谢死表》，交给使者。使者是个胆小怕事的人，明知道这份《谢死表》是伪造的，但他不敢得罪来俊臣，因而一回宫，就把《谢死表》呈给了武则天。

后来武则天亲自召见狄仁杰。问他："为什么承认谋反？"狄仁杰回答说："如果不承认谋反，早就被鞭打而死了。"又问："为什么作《谢死表》？"狄仁杰答："臣没写过这表。"武则天把表拿给他看，才知道是别人代为签名的。因此狄仁杰得以免死，被贬为彭泽县令。这起谋反案也就此收场。就这样，狄仁杰运用自己的才智让自己死里逃生。以后，武承嗣欲根除后患，多次奏请诛杀狄仁杰，都被武则天拒绝。

武则天称帝后，一直为继承人的问题所困扰。李显、李旦虽是她的亲生儿子，又赐了武姓，但他们毕竟是李唐王朝的后代。她想将她的侄子武承嗣或武三思册立为太子，但两人又缺乏品德和才能。狄仁杰便趁武则天犹豫不决时，对她说："先帝驾崩时，把两位皇子托付给陛下。陛下现在打算把天下移交给别人，这恐怕有违天意吧！况且，姑妈与侄儿，亲娘与儿子到底谁亲？立儿子为太子，将来陛下百年之后，牌位送到皇家祖庙，可以陪伴先帝，代代相传。皇位如由侄儿继承。我可没听说过侄儿当皇帝供奉姑妈牌位的！"狄仁杰的这番话说得武则天无言以对。

后来，王方庆、王及善等人也提出立庐陵王李显为太子的建议，武则天才有些心动。紧接着狄仁杰又说服张易之、张昌宗兄弟，让他们劝武则天立李显为太子。武则天这才将李显从房州接回。狄仁杰又建议说："太子回朝，但却无人知晓，人言纷纷，如何才能让人相信呢？"武则天便先将李显安顿在龙门，然后按礼节迎回宫中。满朝文武、天下百姓无不欢悦。

狄仁杰为了巩固李显的储位，使他将来能够顺利当上皇帝，把许多忠于唐朝的人物推荐给武则天，让他们能够站在握有实权的位置上。

有一次，武则天问狄仁杰："朕想找一个得力的人来派用场，你看谁比较适合？"狄仁杰回答说："不知陛下想让这个人派什么用场？"武则天说："想让他做宰相。"狄仁杰想了一想，说："如果您所要的是文采风流的人才，那么宰臣李峤、苏味道便是最合适的人选。但您若一定要找出类拔萃的奇才，那就只有荆州长史张柬之了。张柬之虽然年纪稍大，却是个当宰相的料子。"武则天遂提拔张柬之为洛州司马。又过了几天，武则天再次要狄仁杰推荐"得力的人"，狄仁杰这次却不急着推荐新人了，他慢悠悠地说道："上次推荐的张柬之，陛下还没用呢！"这一番话倒把武则天说糊涂了："不是已经升了他的官了吗？""微臣推荐的，是做宰相而不是做司马的人。"武则天于是下令提拔张柬之为秋官侍郎。

狄仁杰还举荐过夏官侍郎姚崇、监察御史桓彦范、太州刺史敬晖等十多人，这些人后来都成了名臣。狄仁杰去世的第四年冬天，张柬之做了宰相，不久，张柬之趁武则天病重弥留之际，发动政变，逼武则天退位，迎立她的儿子李显复位。

狄仁杰一生几起几落，但他宠辱不惊，胸怀坦荡，善于忍耐，善于保存自己。在武则天重用酷吏、大搞恐怖政治时，一大批老臣锒铛入狱，人头落地。狄仁杰却保持缄默，坚守岗位，做好自己分内的事，尽可能地减少酷吏们造成的损失。因为他知道，以自己微薄之力，不足以扭转乾坤，不如保存力量，以待将来。武则天代唐称帝后，他更是积极合作，主动参与，在他看来，既然武则天当皇帝这件事挡也挡不住，不如配合她，让她做一个好皇帝。等到酷吏和武氏家族弄得天怒人怨、民心尽失的时候，历史的天平还会发生翻转，到那时，再劝女皇还政于李唐，也就水到渠成了。再说，只有与武则天合作，成为她倚重的社稷大臣，在立嗣的问题上才会有更多的发言权。事实证明，狄仁杰这种做法是对的，他运用自己的智慧帮助武则天开辟了一个英明太平的治世，又帮助李唐王朝重建大业，同时实现了自己的人格理想和政治抱负。

▌本章小结

体面的开始应该是唤起人们的好奇心，而不是强化人们的期望值。

事情刚开始时，不要让人期望太高。

古往今来，许多英雄都倒在"捧杀"之下。

要成就事业，一定要有自己的根据地。

找不到自己的核心竞争力在哪儿，那么只能不断为别人打工。

第三辑

领导需要能力

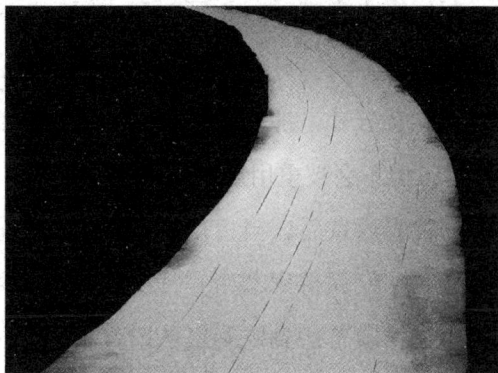

▌投机逢迎者不可重用

赵匡胤最早是在澶州跟随周世宗的，当时曹彬为世宗的侍从官，负责茶酒事宜。赵匡胤曾向曹彬索要一些美酒喝，曹彬很坚持原则，说："这是皇帝（指周世宗）的酒，不能给。"而他则自己掏钱买酒和赵匡胤对饮。

赵匡胤当上了皇帝以后，曾对群臣说："世宗的侍从官员不欺骗主子的，只有曹彬一人。"因此将其作为心腹。

还有一个故事：赵匡胤在陈桥兵变时，陈桥守门官忠于后周，闭门防守，不放赵军通过。赵军只好改走封丘，封丘守门官开门放行。赵匡胤当皇帝后，杀了封丘守门官，起用了陈桥守门官。

赵匡胤用人自有分寸，那些溜须拍马、谄媚取宠的人，或许有自己的位置，但不会被重用。

赵匡胤自陈桥驿返京后，当日便举行禅位大礼。百官就列于崇元殿，诸事齐毕，只待周恭帝宣读禅位制书。周恭帝早晨还好好地当着皇帝，哪曾想到吃晚饭的时候就得让位了，哪里能想到预备禅位制书？事情匆匆，又怎能来得及撰写禅位制书？可是没有禅位制书，怎么行禅位礼？再简单，也不能周恭帝只说句"帝位让给赵匡胤了"就算了事，总得有个典礼的样子。典礼的中心内容是读禅文，无禅文怎能成礼？然而正当需要宣读禅文的时候，才意识到忙中出错，没有禅文。就在这紧张的关键时刻，翰林承旨陶谷在一旁从怀中掏出禅文从容进上。尴尬的局面顿时烟消云散，禅让大礼告成。

赵匡胤知道陶谷有非凡的才华，更知道陶谷在禅位上的重大贡献，他由衷地感谢陶谷在那尴尬时刻帮了大忙。可是如何任用这个人呢？是根据他为自己帮了大忙而赏个高官呢，还是根据他的德才，按需而用呢？赵匡胤在用人的关键时刻选择了后者。赵匡胤觉得陶谷多才少德，是一个投机取巧、谄媚取宠的人。他今天能对自己看风使舵，明天又不知对谁看风使舵，对这种人是不能重用的。所以赵匡胤对陶谷，既感谢他，又鄙视他。

在历史上，有的人因善于投机取巧而被重用，可赵匡胤用人要看真才实学，不看那些赏心悦目的投巧。有个护国节度使郭从义，善于骑驴击球。当他来朝时，赵匡胤令他表演，郭从义非常高兴，想乘此机会取悦太祖以便获得高升。他换了衣服，跨在驴上，手持球棍，驰骋击球，用尽技巧。太祖看得很高兴，击毕，赐给座位休息。郭从义见太祖高兴，以为一定会得到提拔。可是没想到太祖竟然说了这样一句话："你的球技确实精彩绝伦，但是这种事，不是将相所应干的。"郭从义听了大失所望，非常惭愧。

宋太祖在用人上，可谓知人善任了。小人善于讨好人，但也善于出卖人，因为他看重的是利益而不是原则。所以，为了保险起见，还是多结交正直的人。

■ 刀在石上磨，人在事上练

《韩非子·显学》有言："宰相必起于州部，猛将必发于卒伍。"州部指古代地方基层行政单位；卒伍为古代军队基层编制，五人为伍，百人为卒。意思是，宰相必定是从地方下层官员中提拔上来的，猛将必定是从士兵队伍中挑选出来的。韩非子强调，国家的文臣武将，特别是高级官员和将领，一定要有基层实际工作经验。

北宋名相王安石，以全国第四名的成绩高中进士，他出众的学问和人品深得朝廷赏识。宋仁宗要留他在京做官，但王安石婉言谢绝，坚持要去地方做官，甚至还主动提出到偏远的州县任职，认为只有这样才能真正为百姓做点实事。

王安石的第一个公务员职务是"签书淮南节度判官"。王安石一头扎进国家的基层政权部门，一边积累基层政治经验，一边撰写《淮南杂记》，奠定自己日后改革的思想基础。

按照北宋不成文的规定，只要进士及第，排名又靠前，在地方干满一任之后，便可以申请回朝廷担任馆阁之职，经常在皇帝身边出头露脸，提拔的机会自然更多。但是，王安石对自己的从政道路有着明确的自我设计：先当几任地方官，"以少施其所学"；所以，扬州三年任满之后，他选择去鄞县当知县。

王安石在鄞县的政绩在《宋史》有明文记载："起堤堰，决陂塘，为水陆之利；贷谷与民，出息以偿，俾新陈相易，邑人便之。"其中"贷谷与民，出息以偿"，便是后来"王安石变法"中"青苗法"的雏形：相当于官办"小额贷款银行"，在农民青黄不接之际，以农民田里的青苗作抵押"贷谷与民"，待丰收之后再还本付息，而利息远远低于民间高利贷利息。

在十六年的地方官经历中，王安石积累起极大的官声人望。他不仅深受老百姓爱戴，在士大夫中也被视为奇才，用司马光当时的话来说就是："介甫不起则已，起则太平可立致，生民咸被其泽。"

王安石的成长经历说明，培育年轻人，就要使他多受磨炼，积累经验，开阔视野，增长才干。

刀在石上磨，人在事上练。

勤在"事上磨"，多经历一些艰难困苦和坎坷挫折，自会在"千磨万击"中"立得住""定得住"。

王阳明说过："人须在事上磨，方立得住，方能静亦定，动亦定。"人生最好的修行，就是在"事上磨"，在繁重的工作中调整自己的心，耐住自己的性。

小事磨品质，烦事磨耐心，大事磨智慧，难事磨担当。

■ 用人要全方位考察

清代张士元认为："用人之道，在核名实而已。名实既核，则忠佞与优劣俱见。"名与实，也就是今天所说的现象与本质吧。有时候，眼见未必为实，我们会受到眼睛的蒙蔽。

孔子周游列国，有一次孔子和弟子们忍饥挨饿，大家七天没有吃到米饭，颜回在外面找到一些米，拿回去煮饭，在米饭快熟的时候，孔子偶然看到颜回掀起锅盖，抓了一把米饭往嘴里塞。孔子默默地离开了，装作没有看见，也没有去责问颜回。

等颜回煮好了饭，将饭食献给孔子的时候，孔子才说："我刚刚梦到祖先了，我想，我们应该把这锅没有动过的白米饭，先敬献祭祀祖先。"颜回立刻拒绝道："不行的！这锅饭我刚才已经吃了一口了，不能用作祭祀！"

孔子看着颜回说："为什么要这样做？"颜回说："因为刚才煮饭的时候，房梁上掉了些灰尘在锅里，我觉得沾了灰的白饭扔掉可惜，于是就抓起来吃了。"

孔子听闻，教育弟子们说："我们的眼睛不一定可信，我们的心也不一定靠得住。你们要记住，了解一个人真的很不容易啊。"

如何全面考察一个人？可以从以下几个方面考虑。

一、让一个人面临各种考验

诸葛亮曾提出"知人七法"。原文是："知人之道有七焉：一曰，问之以是非而观其志；二曰，穷之以词辩而观其变；三曰，咨之以计谋而观其识；四曰，告之以祸难而观其勇；五曰，醉之以酒而观其性；六曰，临之以利而观其廉；七曰，期之以事而观其信。"

意思是，知人之法有七个方面：一是用是非来考察他，看他意志是否坚；二是用言辞来为难他，看他应变能力是否强；三是拿策略向他咨询，看他识断是否对；四是把灾难告诉他，看他的勇气是否大；五是用酒来迷醉他，看他是否失常态；六是让他处理财物，看他为政是否廉；七是交任务让他完成，看他信用是否好。如果志向、变通、学识、勇敢、品行、廉洁、信用七个方面兼备而且皆优，可委以重任。

人性是复杂的，一个人的所说与所做可能不一致，有人监督和无人监督可能不一致，清贫时和显贵时也可能不一致。在生活中常有这样的现象：某人说起腐败现象来激愤不已，义正词严，可是一等到他走上重要岗位，上任没到久，位子还没坐热，竟因贪腐而锒铛入狱，腐化变质之快让人大跌眼镜。这就给我们一些启示：没有经受过考验的理想信仰和道德表白都是廉价的。

二、通过细节来看一个人

识别人的最好方法，就是看他在不经意间所表现出的诸多细节。

据说，洪承畴在关外抗击清军，兵败被俘。皇太极极想收服洪承畴为己用，命范文程劝降。起初，他坚决不降，还骂不绝口，范文程仍善言安抚，并与他谈论古今事。恰巧房梁有积尘落到洪承畴的襟袖上，范文程发现他几次轻轻将尘拂去。

范文程回来报告皇太极说："承畴不会死的，他如此爱惜衣服，更何况对自己的生命呢！"于是，皇太极亲自劝降，洪承畴果然归顺清朝。

这只是一个故事，未必真实，但细节确实能反映一些问题。通过细节来观察人，在招聘中大有用武之地。有的企业为了测试应聘者的办事效率，会设计一个场景，比如对几位意向人搞一次招待午餐，美其名曰答谢，实则是观察行事风格。那些吃饭慢吞吞、唠唠叨叨的人，很可能就是做事节奏慢的人，就可能会被淘汰。如果有一个员工只顾自己，一直吃眼前这道菜，忘了别人还没吃到，这种人，即便能力再强，也不是合适的人选，因为他没有分享的概念。

三、正视人才的缺点。

世界上没有完人，每个人都有缺点。人才虽有其长，也必有其短，而且常是优点越突出，缺点也越明显。比如有的人恃才自傲，有的人不拘小节，有的人不注重人际关系，有的人有奇习怪癖。聪明的领导会避其所短，用其所长。有的领导甚至利用他的缺点来发挥他的才能。

春秋时期，郑国的子产很有才干，受命执掌国事。有一次，子产因有一件事需要伯石去办，便事先给了他一座城邑作为领地。另一个官员太叔对子产说："事情是国家的事情，国家是大家的国家。大家都为国家办事，为什么单单送给伯石东西？"

子产说："人和人不一样，像伯石这样的人，让他没有个人欲望是困难的。满足他的欲望而让他成功地办成所办的事情，这不也是国家的成功吗？城邑有什么值得吝惜的，难道它还会被搬走不成？"

后来，伯石害怕众人议论，要交回封地，但子产还是坚持把城邑给了他。

子产用人，允许他有私欲，并适当地满足他的私欲。因为子产知道，人而无欲，难为其人。如果一个人对下属要求过于严苛，不允许下属有一点毛病，一点缺点，这个人也就没有下属可使用了。

▍用人如器，各取其长

"用人如器"是李世民用人的一个理念。用人才就如同使用器皿一样，不是要全才全用，而是专才专用。不指望茶壶有铁锅的特长，也不指望铁锅有茶壶的作用。任何一个器皿都不是全能全才的，每个器皿都有其用处与长处。

领导选人才，如同厨师选器具，一是要明白每个器具的性能和使用领域；二是要搞好搭配，利用互补性让器具之间互相弥补、取长补短；三是要根据实际需要开发新的器具。

人之才情，各不相同。三国时魏人刘劭对此曾做过深入的研究，他在《人物志·材能》中把各种人才概括为"三类""十二材"。"三类"即"兼德、兼材、偏材"。也就是德行高尚者、德才兼备者和才高德下者。"十二材"即：①清节家，其道德高尚；②法家，善于制定法制；③术家，能机智多变；④国体，其三才兼备；⑤器能，能处理事务；⑥臧否，能明辨是非；⑦伎俩，能精于技艺；⑧智意，能长于解疑；⑨文章，可善于著述；⑩儒学，能笃于修养；⑪口辩，能善于应对；⑫雄杰，其胆略过人，可委以军兵。材既有别，当各领其用。因人器使，方能人事两宜，相得益彰；人尽其才，物尽其用。

才无"大小"，各有所宜。人们常论能力大小，才气高低，其实极为片面，如果说，在同一工种或同一业务中比较技术和业务能力之高低，勉强可论，而如果在不同工种和不同业务中比较能力和才智，就不可比。让一个数学教授去做生意，恐怕还不及一个销售员，可也不能因此而断定教授无能；反过来，让一个销售员去给大学生们讲解高等数学，恐怕他也将束手无策，但也不能据此而断定其愚笨。可以说，社会的进步，事业的发展，离不开各行各业的能手，千行百业，缺一不可。所以"人才各有所宜，非独大小之谓也"。

孔子门下贤人很多，各有其长，而子贡善于辞令。他擅长游说，所谓"动之以情、晓之以理、喻之以利"，能让人家心悦诚服地接受他的意见。有一年，齐国权臣田常作乱，就想转移齐国的军队攻打鲁国。在鲁国国难当头之际，挺身而出的不是子贡一个，但孔子看中的恰恰是子贡——"子路请出，孔子止之。子张、子石请行，孔子弗许。子贡请行，孔子许之"。可见他深知子贡的长处，这就是用人如器。

庄子有一个朋友叫惠施。有一次，他与庄子在一起交谈，说他用国君赐给的种子，种出了一个大葫芦。匠人加工成了容器，容量五十斗，用来盛浆，担心破碎；纵剖成瓢，舀水舀汤都用不了那么大。这么大的葫芦，大而无用，他干脆一下子打破，扔了。庄子听完之后说："你只会用小器，而不会用大器啊！你的大葫芦容量五十斗，真算是大器，为什么不镂空内瓤，做成小舟去漂游江湖，倒去担忧大而无用？看来，还是你的思路有问题啊。"惠施听后无言以对。

　　"世无废物，人无废人"，世间万物皆有其用。有些人，看起来无用，实际上是人们未识其可用之处。在某种条件下，他可能显得"无用"，而在另一种条件下，却可能是不可或缺的能手。这里所指的条件，首先是时之不同，用之不同。这里所指的"时"，一为时机，即时机未到，待而观望，时机一到，立露身手。二为时间，人之成长，有一个时间过程，时间不至，才识不熟，难以为用，而一旦时至成熟，则可能愉快胜任。三为时势，太平盛世，可显露许多治世良才，而难以发现强兵猛将；相反，纷战乱世，可显露许多强兵猛将，可又较难发现治世良才。毛遂自荐之前，不仅长期闲而无用，而且食则要鱼，出则要车，其欲难足。而自荐以后，却于急难之中立有大功，使人刮目相看，视为天才。其次是识之不同，用之不同。未识其能，视为无用，而识之其能，则可能视为"大才"。而且，识其一面，仅知其一面之能；而识其全面，则知其全面之能。诸葛亮闲居隆中，躬耕陇亩，如果不为刘备所识，恐怕也不会"三顾茅庐"，至今也不会在世上流传着一个聪明智慧的象征 —— 诸葛孔明。

■ 良将驭兵，各有不同

聪明的人大致可分为两种：聪明外向和沉思内秀。

聪明外向的人说了就做，办事干脆利落，迅速果断，手段娴熟老辣，绝不拖泥带水。缺点是较少进行深入、细致、周密的思考，凭直觉、经验和性情办事的成分稍重，因本人有力量，也聪明，算得上是有勇有谋，但总的来说勇多于谋，深思熟虑较少。这样办事，难免有顾不到之处，也有可能忽略了某些轻微细节而埋下隐患。

沉思内秀的人长于思考，出谋划策，兼顾方方面面，给人行事细密周全的感觉。他们做事不像聪明外向的人那样轰轰烈烈，但能按部就班地把事情推到胜利的台面上。缺点是机敏、果断不足，缺乏雷厉风行的作风，身手不够敏捷。可能会因过于求稳而丧失机会。事无巨细，处处留心，但又知道轻重缓急，虽比较小心，但大事情上不糊涂，能把握方向。

这两种人都有开疆拓土、勇力进取的能力，前者以勇敢闻名，后者以稳重著称，做事风格虽不尽相同，但都是独当一面、办事稳妥的将才。

李广与程不识都是西汉名将。李广的祖上李信是秦国大将，曾率数千人攻逐燕太子丹（荆轲刺秦王的事件就是他一手策划的），并生擒之，后因夸口用二十万人可灭楚国，失败而归。李广生得一双猿臂，精于骑射。一次率百骑突击于大漠之中，追杀三个匈奴射手。旷野驰骋，李广一马当先，独弓射杀二人，生擒一人，返回途中与数千匈奴兵不期而遇。汉兵一时大惊，立时想在大敌广漠前逃奔。李广急忙拦住说："大漠旷野，如何逃脱得了性命？不如留在这里，他们反而会起疑，不敢贸然进攻。"

李广率百骑大模大样地前进到离匈奴兵二里处，命士兵下马休息。匈奴兵素闻李广勇名，疑惧未定，不敢出击。有白马将走出匈奴阵列，李广飞身上马射杀之，归队后命兵士歇马解鞍，卧地而息。

由日暮相持到半夜，匈奴兵终不敢击，又怕中埋伏，竟悄悄撤退了，李广将士全身而退。李广勇猛善战，又会用兵，而且体恤下属，所得赏赐全部分赠部下，领兵四十余年，家无余资。行军打仗没有严格的命令约束，宿营时人人自便，不设哨岗，但从未遭到袭击。兵士部属们都愿意为他效死命。

与李广同时的程不识，也是边关名将，以治军严厉著称。行军打仗纪律严明，号令整齐，宿营时多设岗哨，兵士不得乱走，因而也不曾遭到袭击。程不识说："李广治军很简单，但如果敌兵突然发难，恐难以自保。但军士却能因其宽松仁爱而死命以效。我军虽然严肃紧张，少了活泼气，兵士也不自由，但能团结凝聚，从不懈怠，听令而动，因此敌人也不敢侵扰。"相比之下，匈奴兵更怕李广，兵士们也以随李广为乐，而苦从程不识。

司马光在《资治通鉴》里评论道：

治军以严为首，如无制度约束，就太凶险。李广让士兵自由活动，以他的才能胆识，可以这样，但其他人则不可这样。效法程不识，虽然无功，但不会失败；效法李广，又无李广之才，则祸患暗生，不被敌人击败，就会因内讧而败。

从他们的行事风格可以判断，李广称得上聪明外向的人才，程不识属于沉思内秀之人。他们都是当时名将，都能建功杀敌。但二人结局并不一样。士卒苦于程不识，但程不识因严谨自律，最后官至太中大夫。李广骁勇善战，立功无数，名震天下，因不服老，随大将军卫青出战匈奴，迷失道路，没能按预定计划与卫青合围匈奴，致使单于遁逃。按军法，失期当斩。回京途中，李广喟然长叹："广年六十余矣，终不能复对刀笔之吏。"于是拔刀自刎而死。士卒百姓皆为之涕泪。到李广的孙子李陵投降匈奴，李氏一族身败名裂。

▌打造自己的人才库

万事开头难，在事业刚刚起步的时候，总是困难重重。光是自己有自信是远远不够的，还需要大家的支持。要获得大家的支持，首先，要让众人觉得你做的这个局有前景，这时，就需要你造大声势。

曾国藩起家之初，手中无权无势，所以跟从他的人并不多。

从长沙临行前，他邀左宗棠参谋军务，遭到拒绝。但左宗棠拒绝入幕后不久，即加入骆秉章的幕府，令曾国藩很难堪。李鸿章初次来投，曾国藩也说："少荃（李鸿章号）是翰林，了不起啊！志大才高。我这里呢，局面还没打开，恐怕他这样的艨艟巨舰，不是我这里的潺潺溪流所能容纳的。他何不回京师谋个好差事呢？"表面上是拒绝，实际上担心水浅养不了大鱼，李鸿章吃不了这份苦。

曾国藩还同时发出另外几封邀请信，但应者寥寥，甚至连过去的好友冯卓怀、郭嵩焘都不肯随行，刘蓉虽被他强拉硬扯出来，但不久即坚辞而归，留下来的只有李元度、陈士杰数人。陈士杰，字隽丞，湖南桂阳人，以拔贡考取小京官，分发户部，遭父忧回籍。因在家办团练镇压当地会党为曾国藩所赏识，在衡州招聘入幕。李元度，字次青，湖南平江人，以举人授官黔阳教谕。李元度曾上书曾国藩言兵事，为其所赏识。

曾国藩深感孤立无援。他在给弟弟们的信中很感慨地说："兵凶战危之地，无人不趋而避之。平日至交如冯树堂、郭云仙等尚不肯来，则其他更何论焉！"又说，"甄甫先生去年在湖北时，身旁仅一旧仆，官亲、幕友、家丁、书差、戈什哈一概走尽。此亦无足怪之事。兄现在局势犹是有为之秋，不致如甄师处之萧条已甚。然以此为乐地，而谓人人肯欣然相从，则大不然也。"曾国藩当时惨淡经营的情形，由此可见一斑。

曾国藩认识到自己局面尚未打开，台面小，又不轻易向朝廷推荐人，当时环境又恶劣，随时有送命的危险，人们当然不愿死心塌地地跟从了。因此，曾国藩再次出山时，向清政府要求授予他一二省的实权，对稍有才能者，保奏、荐举不断，加之打了几次胜仗，所以才有"群雄蔚起，云合景从，如龙得雨，如鱼得水"的局面。

曾国藩做两江总督后，台面越做越大。由于清廷倚重，曾国藩手握四省兵符，有请即准，可以说是权倾朝野。但曾国藩权大责也重，他意识到随着台面做大，必须要注重网罗天下人才，为两江用，为天下用。因此，他自祁门开始，张榜晓示，召集人才。一时间各地来投者络绎于途。他们为什么积极性这么大？恐怕，是冲着看好这个局的前景的原因了。

做大局面，需要有大胸怀，有远见。当时，有个叫容闳的知识分子，是中国首位海外留学归来的人，他接受了西方的先进教育，很想在中国实现自己的改良主张。他先是寄希望于洪秀全，结果到了南京很长时间，仍没有见到洪秀全，他所谈的救国想法，太平军中没有一个人认真地听，最后送了一个四品官印打发他，容闳非常失望，认为这批人绝对不是中国的希望。这时曾国藩知道了他，三番五次托朋友带信给他，想见见他，本来容闳不想见曾国藩，因为他认为曾国藩是旧官僚，没有共同语言。后来双方见了面。寒暄之后，曾国藩问："现在要救中国，要以什么为主？请先生谈谈你的看法。"容闳一听这个话，正是他求之不得的，于是他提出要学习西方的科学技术，以这个东西来救中国，中国必须走这一条路。曾国藩非常赞成他的观点，马上拿了六万两的银子给他作经费。第一次见面就给他这么多钱，让他做代表到美国采买机器，运到中国建立工厂。

容闳带了六万两的银子到美国，一分钱也没有贪污，如数地购买了机器，这个机器后来在上海登陆，用来组建中国一家兵工厂，也就是江南制造局，现在江南造船厂的前身。所以说，曾国藩是中国办洋务的第一人。在当时的中国社会，他的眼光超前的。

这个故事体现的道理是非常重要的。在做局的过程中，一定要造势，让大家认为这是潜力股，入局就会有前途，有好处。同时，要有远大的目标和先进的理念作支撑，代表的是潮流和大势，而不是逆潮流而动。这样，做大局面就是自然而然的事情了。

讲道理也要讲实惠

曾国藩训练湘军，强调训练和训话并重。训练是培养战斗力，训话则是进行思想政治工作。这一点，开创了中国军事训练的先河。有了这两方面的保证，湘军不但战斗力大大提高，成为当时中国最善战的军队，同时，因为湘军的地缘特点，它的凝聚力也最强。

曾国藩深知，没有钱什么事情都不好办。在他留下来的文字中，经济问题一直是他最头痛的，如果读过这些文字，对曾国藩的理解就会更加深刻了。

光谈不做，没有饭吃，无论什么圣贤豪杰都撑不过七天。要想让人死心塌地地跟随你，首先也要让人吃饱肚子。这是曾国藩在实践中总结出来的。他把这种想法也用在了驭人上。他的做法是，除了用思想教育增强凝聚力外，还要用优厚的待遇留住人。在具体的用兵过程中，通俗地说，就是多给钱，多发银子，使得湘军的官兵待遇要比别人优厚。有了这一条，湘军将领和普通士兵毫无牵挂，无不骁勇善战。湘军之所以能成为一支强大的武装，这是一个重要原因。

经过深入的调查，曾国藩发现，绿营兵之所以腐败无能，其中一个主要原因就是军饷太少了。绿营步兵月饷为一两五钱银子，绿营的守兵月饷为一两银子，绿营马兵月饷为二两银子。这么一点钱，在清朝初年还能勉强维持生活，但是到了道光年间，由于米价上涨，就难以维持一家人的生计了。因此绿营士兵不得不经常走出军营去谋生，军事训练受到了极大的影响，战斗力也就每况愈下。不但是普通士兵，绿营军官也是入不敷出，为此常常克扣军饷，喝兵血，这样一来，绿营士兵的收入更低了，造成军心极不稳定，即使没有战争，也形同散沙，根本无力对抗太平军。

有鉴于此，曾国藩在办团练之初就十分重视士兵的军饷问题，他根据当时的物价水平，确定了一个偏高的标准。大致是：操演日每日一钱，出征本省每日一钱四分，出征外省每日一钱五分。队长、哨长依次增加。养伤银分为三等，上等三十两，中等二十两，下等十两。阵亡恤银分两等，征本省土匪三十两，征外省太平军六十两。

可以发现，湘军士兵的月饷几乎是绿营兵的三倍多。而将领的收入更高，各种收入加在一起，营官每月为二百两银子，分统、统领带兵三千人以上者，每月为三百九十两银子，五千人以上者为五百二十两银子，万人以上者为六百五十两银子。当时普通老百姓一年的生活费也不过几两银子，湘军的军饷显得过于优厚，就连曾国藩自己也认为"章程本过于丰厚"。但是重赏之下必有勇夫，标准一公布，湖南的农民纷纷参加。不过曾国藩并不是什么人都收，他所收的，是那些朴实少心窍的人，勇敢而不畏艰难的人。在作战过程中，他还不断裁汰，重新招募，随时调整，补充新鲜血液。

这种做法起到了很好的效果。有了丰厚的收入，湘军士兵除了个人生活之外，贴补家用也没有问题，没了后顾之忧，操练起来也比较安心，战斗力提高很快。同时，由于各级将领的收入大大提高，克扣军饷的事情也逐渐减少，起到了"养廉"的作用。曾国藩对自己的做法曾经进行过总结，他说："初定湘营饷项，稍示优裕，原冀月有赢余，以养将领之廉，而作军士之气。"

在鼓励手下的办法中，物质刺激是最直接的方式，特别是对那些贫苦无依的湖南农民，"人人乐从军，闻招募则急出效命"，曾国藩的事业，就在这些人的冲锋陷阵中建立起来了。

李鸿章用人，比曾国藩更注重实际利益。这是他的办事风格决定的，也是和淮军集团的组成人员分不开的。淮军最初的十一位营官，大都出身于地主团首、降将和盐枭，他们投靠李鸿章的目的本来就是为了功名利禄，大道理对他们根本没有吸引力。

在这种情况下，李鸿章充分发挥了曾国藩办湘军的一个特点，用更为优厚的利益吸引这些人，使他们为自己效力。李鸿章曾经说："天下熙熙攘攘，皆为利耳。我无利于人，谁肯助我？董子'正其谊不谋其利'语，立论太高。"

淮军刚办的时候，衣衫褴褛，饷用匮乏，到了上海，李鸿章多方搜罗军饷，千方百计充实军力。军队保障越来越好，淮军不但战斗力大大增强，人数也急剧上升。原来在薛焕等人手中的残兵败将，被收编到淮军以后，竟然人人成了不怕死的"勇士"。

优厚的利益也吸引了很多原来的湘军将领为李鸿章效命。程学启和黄翼升是曾国藩临时拨给李鸿章加强实力的，随着淮军的壮大和曾国藩面临形势的危急，曾国藩屡次命令李鸿章把这两个人调回来。李鸿章尽量拖延，而程学启和黄翼升则干脆拒绝，说湘军从来没有调派之事。对二人的行为，一定要加以分析，二人之所以不愿回来，主要是因为待遇优渥。由于李鸿章的活动，曾国藩最后也就不了了之。而这两个人，为淮军的迅速壮大，立下了不可替代的功劳。

▌与下属保持距离，善于利用神秘感

刘邦本来没有什么文化，他手下的将领也大多出身贫贱，不懂繁文缛节。创业时期，刘邦与他们打成一片，"同吃、同住、同劳动"，并没有尊卑之分。

到了汉朝建立，论功行赏的时候，刘邦和大将们因封赏的问题争论起来。这些将领自认功高，互相不服气，大声喧哗，狂呼乱叫，有的人甚至拔出剑来，砍宫殿上的柱子，乱成一团。刘邦这个平日不讲礼法的人，也受不住了，觉得这样下去可不得了，应当想个办法整顿整顿才好。

有个叫叔孙通的儒生，原先在秦朝做过待诏博士，投到汉朝的日子还不久，因为刘邦一向讨厌儒生，所以他的地位并不显著。这时候，他看出了刘邦的心思，就对刘邦建议说："争夺天下的时候，儒生没有能做出多少贡献；得到了天下以后，儒生却能帮助陛下保守好天下。我愿为陛下到鲁国去征集那些懂得礼仪的儒生，来帮助陛下制定朝仪，整顿好朝廷上的秩序。"

刘邦虽然不满意朝廷上乱糟糟的情况，可是一听说要制定朝仪，却又犯了愁，他怕儒家那一套礼仪太烦琐，不容易学会，所以他抱着怀疑的态度问："那种玩意儿是不是很难学呀？"叔孙通说："礼仪不是一成不变的，不同时代的人根据当时的需要制定礼仪。我可以把古代的礼仪和秦朝的礼仪结合起来，再根据今天的需要，制定出一套新的礼仪来。"刘邦说："那你就试一试吧。不过千万要简单些，使我和大臣们都容易学会。"

于是叔孙通就到了原先鲁国的地方，召集懂得古代礼仪的儒生三十人，请他们一起来制定朝仪。叔孙通先叫人在长安郊外用竹竿和茅草搭了一个草棚，带着三十个儒生、汉高祖的一些近臣以及他自己的弟子，总共一百多人，开始制定并演习朝仪。搞了一个多月，叔孙通请汉高祖来观看演习。汉高祖看了演习后说："这个我能学得会，就照这样办。"于是他下令叫朝廷里的全体文武大臣都来学习朝仪。

公元前 200 年的一天，天还没有大亮，朝拜皇帝的仪式在长安的长乐宫正式开始。那一天，准备朝见皇帝的文武官员，按照官职的大小，在宫门外排队等候。宫殿外边，悬挂着五彩缤纷的旗帜。威武雄壮的卫士，手执刀枪斧钺等兵器，排列两边。

传令官发出号令："传大臣们上殿！"大臣们就分两路进入大殿，太尉等武官站在西边，面向东；丞相等文官站在东边，面向西。等大家站定以后，传令官代表群臣请皇帝上朝。汉高祖坐辇车从内宫来到殿上，接受群臣朝拜。参加朝拜的群臣，都要自报姓名、官职，恭恭敬敬地行跪拜礼，然后再退回到自己的位置。

朝拜完毕，汉高祖赏赐群臣饮法酒。群臣把酒杯举到跟自己额头一样的高度，齐声喊："谢酒！敬祝皇帝万寿无疆！"然后一饮而尽。饮酒是有限度的，完全是为了礼仪上的需要，绝不许可喝醉，所以叫作法酒。

在朝拜的过程中，御史负责执法，凡是在礼仪上出了差错的，就叫卫士把他带走。因此大臣们都十分严肃认真，从开始到结束，没有一个人敢喧哗失礼，唯恐出了差错。

朝拜仪式结束以后，出身寒微的汉高祖十分高兴，他说："今天我才知道做皇帝是这么尊贵啊！"于是他拜叔孙通为奉常，并重重赏赐。

平民出身的刘邦，现在成了皇帝，他迫切感到需要一定的威仪，而威仪的建立，一个很重要的方面就是与下属保持一定距离。

作为一个领导者，他首先应该尽量培养自己的人格魅力。人格魅力源自哪儿呢？从外在来看，或许人格魅力在很大程度上都是出自下属对于领导者的神秘感和信任感。

也就是说，领导者应该尽量少地让下属了解自己的私人生活，一个出色的领导者不能轻易地被下属看透。当然，与下属的沟通是必要的，这有利于展示领导人性化的一面，有利于形成平等、宽松的工作氛围。但，领导与下属永远不要成为朋友。

在职场中，人与人的关系总是越单纯越好，既是上下级，又是朋友，会使人际关系不堪负荷而出现裂痕。上司和下属成为朋友，上司就没法严格要求下属。而和上司走得太近的下属，也会成为本部门不受同事欢迎的人。

戴高乐在1932年说："没有神秘感就没有威望可言。因为过于熟悉，尊敬之情就不会油然而生。只有像神像一样隐居神庙，才能显出凛凛的威风。无论是运筹帷幄，还是所思所为，都要令人捉摸不透。"他还曾经说过，"我是一个孤独的人，我如此酷爱孤独。"

现在很多企业家喜欢四处演讲，迫不及待地接受媒体采访，宣传自己的产品和经营理念，甚至不少人雇用了大量的记者和传记作家，为他们编写着一段又一段的创业传奇。但是自我宣传要适度。在今天这个网络媒体发达的时代，言多必失，你不知道什么时候风向会变，你不知道暗箭会从哪里飞来。

▌等距交往，一视同仁

领导与群众要"零距离"沟通，以建立深厚感情，但与部属则要"等距离"交往，做到处世公道正派。

据《汉书》记载，汉文帝赶往京师即位，周勃半途迎接，请求私下交谈。侍卫左右的宋昌当即道："所言公，公言之；所言私，王者无私。"意思是说，上下级是工作关系，没有"私言"与"私谊"。

在现代的用人环境下，不仅领导者能够选择下属，下属同样也能够选择上司；不仅领导者能够控制下属，下属同样也能够巧妙地控制上司。这种由于现代领导活动日趋复杂和被领导者的素质大幅度提高所决定的"双向选择"和"双向控制"的上下级关系新格局，迫使各级领导者在尽力掌握高超的用人艺术的同时，从来没有像今天这样十分重视在下属心目中塑造自己的理想形象，千方百计去建立良好的人际关系。因为他们知道，假如做不到这一点，即使你掌握了再高超的用人艺术，到使用下属时，也不会灵的。

而要做到使自己尽量接近下属心目中理想的领导形象，有效建立互相信任、互相体谅的良好的上下级关系，首要一条，就必须使每个下属确信，我们的领导者是公道正派、光明磊落的。作为一个地区、一个单位、一个部门的"内核"，他对谁都一视同仁，从来不分亲疏远近。因而这样的领导者，是可以为大家办事的，他是属于我们大家的。与此相反，倘若大家发现领导与某几个下属格外亲近，谈话办事表现出明显的倾向性，那么，领导者在大家心目中的可信程度就会一落千丈。因为大家完全有理由怀疑他已经不属于"我们"，而只属于"某几个"亲信的了。

鉴于此，等距接触原则，便产生了。

所谓等距接触原则，就是指在用人行为中，领导者应该凭理智控制和约束自己的行为，与所有的下属保持等距离接触，秉公办事，不徇私情，做到"公事以外才是朋友"。

秉公办事，不仅是每个领导者应具有的美德，而且是正常从事领导活动的必备条件。应该看到，人是有感情的高级动物；人性的弱点，就是在社会活动中很难不掺杂自己的感情因素。即使最老练、最富有才华的政治领袖，莫不如此。对于中、低层次的领导者来说，由于他们比高层次领导者有更多的时间用来和广大群众直接打交道。因此，力求避免和其中一部分下属交往过于密切，尽力防止产生有碍于正常从事领导活动的私人感情，就显得很有必要了。

为了避免引起下属之间不必要的猜疑和误解，为了避免在同下属的工作关系中掺杂多余的私情，坚持等距接触原则，是精明的领导者自觉采取的一条待人良策，也是公正合理地使用下属的首要前提和重要保证。正如一位老谋深算的基层领导者所说的："我也是人，我不能不和人接触。既要接触人，就难免在接触时间和接触次数上出现人与人之间的不均衡，在接触面上考虑得不周全。但有一条我敢保证：在接触距离上，我跟谁都一样；在工作范围内，我对谁都不讲私情！"这个领导者说得很好，他的这番话，等于给等距接触原则做了一个有力的说明。

事实上，等距接触，包含的内容十分丰富，其中不乏富有哲理的深层含义。

感情上的距离，是不能以接触时间和接触次数的多少来衡量的，在法定的工作时间里，领导者只与下属发生工作接触，哪怕这种接触与某甲仅发生一次，而与某乙却发生了十次，那也是正常的等距接触！

让私情到公事范围以外去发泄，去流露，去交融。当着众人的面，领导者在使用下属时，哪怕对甲或乙显露出半点私情，也会激起大家的忌妒和猜疑。做私情的俘虏，成不了优秀的领导者。

在众人面前对甲"亲"，很可能诱发一部分人对他的忌妒，也可能启发另一部分人对他的趋从；当着大家的面对乙"疏"，很可能激起一部分人对他的同情。又可能招致另外一些小人对他的蔑视……聪明的领导者，何必将自己对下属的亲疏远近，作为影响人际关系，进而影响工作关系，甚至影响领导活动（包括用人选择）的毒剂呢。

在处理下属之间的纠葛和矛盾时，有时候，即使领导严格按照原则办事，也难免遭到"吃亏"者的猜疑和不信任。假如你平时就违背了等距接触原则，让大家都"看出"你对下属有亲疏之别，远近之分，那你又怎能心怀坦荡、从容不迫地去处理下属之间的纠葛与矛盾呢？

有的领导者想出了这样的"聪明"办法：在解决下属之间的矛盾时，故意偏向和自己关系疏远者，惩罚和自己关系亲近者，以此来显示自己的公道正派。谁知道却适得其反，不仅疏者不领情，亲者也会不服气，最后落了个"猪八戒照镜子，里外不是人"。由此得到启示：等距接触，是在和下属长期相处中形成的一种感情均势，绝非事到临头才急忙培植起来的虚假装饰品。

结交公事以外的朋友，也应该防止私情泛滥和渗透到公事以内去。从理论上说，公事内外是能够区别和划分的，但在实践中，这种严格意义上的区别和划分，是很难做到的。因此，从这个角度上说，提倡等距接触，还应该警惕公事以外培植的私情的失控，尽力防止某些擅长此道的下属，利用公事以外的私情，来不知不觉地影响和左右公事以内的事态发展。

对领导者来说，最容易被人诟病的一点，便是在部属中搞"人分远近、事分亲疏"那一套，不公正地待人处事。与部属"等距离"交往，要求领导干部时刻秉持一颗公心，在涉及人事调整、利益分配、奖惩处理等工作中做到一视同仁、公正公平。只有严格遵守工作制度和流程，依纪依法办事，不讲亲疏好恶，不留后门，才能做到一碗水端平。

在现实生活中，许多领导者为了遵照等距接触原则办事，根据自己的不同个性，分别采取了风格迥异、内容不同的待人方式。他们有的在上班时间里，尽量减少与下属的非工作性接触；有的在处世用人过程中，严格按照下属的德才条件进行决策，从不考虑与自己的亲疏关系；有的给自己立下一条规矩：不上任何下属家里吃吃喝喝；有的严肃地对来访者说，工作上的事，请到办公室去谈，不要找到家里来；还有的严格将"关系"和"工作"区分开，别看平时和下属关系不错，到了关键时刻，照样公事公办，"翻脸不认人"……这些行为方式，尽管有的巧妙，有的笨拙，有的灵活，有的死板，但都能看出，这些领导者是十分信奉等距接触原则的。

等距接触，和广交朋友、搞好人际关系，并不矛盾。它显然不是束缚领导者手脚的绳索，它不仅不反对领导者和下属之间建立起水乳交融的亲密关系，而且还积极鼓励和提倡领导者这样去做。问题的关键在于：如何在"广泛结交"和"等距接触"之间找到一个巧妙的接合点，使下属感到你既感情丰富，又不徇私情，从而由衷地仰慕你，拥戴你，信赖你，敬重你。作为一个领导者，唯有做到这一点，才可能赢得绝大多数下属的心，进而拥有从事创造性领导活动所必需的专长权和个人影响力。

▌关键时刻敢于为下属撑腰

东汉时，钟离意因为有才能，被提升为尚书仆射。有一年，一支匈奴人来投降汉朝，汉明帝命令钟离意负责赏赐给他们绢绸。手下的郎官不细心，多给了匈奴人一些绢绸。得知此事，汉明帝下令要对郎官用酷刑。钟离意便觐见皇上，叩头请罪道："这件事由我负责，所以论罪也应当从我开始，从重处理；郎官是我的下属，就应当从轻处理。请皇上明断！"说着就要脱去衣服接受惩罚。

汉明帝见钟离意敢于承担责任，情愿接受惩罚，即令他穿上衣服，免去惩罚，也宽恕了郎官。

一个领导敢于为下属扛责任，不仅会得到下属的拥戴，还会让顶头领导看到自己的魄力和及时纠正问题的能力。最重要的是，有领导为自己撑腰，下属才会有团队归属感，他才会觉得自己的工作有价值，自己受到了尊重。

如果一个人没有担当，遇事就躲，曾经的得力下属也会寒心，以后他就成了孤家寡人。

在领导者眼中，你既然是"头头"，你的下属犯错，即等于你犯错，起码你是犯了监督不力或用人不当的错误。

如果下属犯了错，宽容下属有以下几种方式。

1. 佯装不知。

在下属偶犯过失，懊悔莫及，已经悄悄采取了补救措施，未造成重大后果，性质也不甚严重时，就应该佯装不知，不予过问，以避免损伤下属的自尊。一份工作、一项任务完成以后，要充分肯定下属为此付出的努力，把成绩讲足，客观分析他们的失误，把问题讲透。这样其工作得到认可，不足也得到指点，就会在以后的工作中扬长避短，提高自己。特别需要注意的是，对那些勤恳工作、超负荷运转和善于创新的下属要格外爱护。在一般情况下，他们的失误可能多些，他们更需要关心、支持和理解。

2. 暂不追究。

在即将交给下属一件事关全局的重要任务时，为了让下属放下包袱，轻装上阵，领导者不要急于结算他过去的过失，可以采取暂不追究的方式，再给他一次将功补过的机会，甚至视具体情节的轻重，干脆减免对他的处分。

3. 护短不声张。

护短之前，不必大肆声张，护短之后，也无须用语言来点破，更不需要主动找下属谈话，让下属感谢自己，唯有一切照旧，若无其事方能收到最佳效果。

4. 分担下属的过错。

当下属在工作中犯了错误，受到大家责难，处于十分难堪的境地时，作为领导者，不应落井下石，更不要抓替罪羊，而应勇敢地站出来，实事求是地为下属辩护，主动分担责任。这样做不仅拯救了一个下属，而且将赢得更多下属的心。

5. 关键时刻为下属护短。

关键时刻护短一次，胜过平时护短百次。当下属处于即将提拔、晋级的前夕，往往会招致众多的挑剔、苛求和非议。这时候，作为一个正直的领导者，就应该站在公正的立场上，奋力挫败嫉贤妒能者压制冒尖者的歪风邪气，勇敢保护那些略有瑕疵的优秀人才。

■ 自己成功，也要成全别人

太平军在南方兴起后，曾国藩奉旨回乡，训练团勇。起初，他是个理想主义者，以天下为己任，不求升官发财，所以他对下属也奉行的是"不妄保举，不乱用钱"的原则。本来他的用意是好的，但要求太高了。因为他能做圣人，别人却达不到，结果导致"人心不附"的局面，对湘军的壮大和团结非常不利。

咸丰四年（1854），湘军打败太平军，收复武汉，这是一次影响全局的大胜仗，但是曾国藩只保举了三百人，受到奖励的人仅占百分之三。之后两年保奏了三次，总共加起来也仅几百人。和他不一样，胡林翼在攻占武汉之后，一次就保奏了三千多人，受到奖励的人数达到百分之二三十。这个消息一传开，很多人就认为，要想得到升迁，应当投靠胡林翼，这样许多人纷纷投奔到胡林翼门下。曾国藩当时并没有发现其中的奥秘，还以为是自己的德行不足以服众，后来才明白，是因为自己保举太少，使手下感到升迁无望导致的。

由于曾国藩的这种做法，很多较早投靠他的人反而没有得到朝廷的重用，如郭嵩焘、李元度、甘晋等，长期和曾国藩患难与共，因为他不轻易保举，结果长期沉于下位。为此，曾国藩的好友刘蓉曾向他多次进言，并举楚汉之争为例，劝他改变做法；曾国藩的心腹幕僚赵烈文也恳切进言，劝他"合众人之私，以成一人之公"。曾国藩自己也认识到，自己成功，也要让别人成功，这正是驭下的硬道理。从此，曾国藩一改前志，从咸丰十一年（1861）起，开始效法胡林翼，积极主动地保举手下人。这就形成了一种特别的现象：最早追随曾国藩的，升迁得不快，而后来加入的，如左宗棠、李鸿章、沈葆桢等，却在几年中迅速崛起，纷纷成为封疆大吏。

曾国藩的保举也很有特色，他举荐手下，主要有汇保、特保、密保三种方式，各不相同，各有侧重。其中密保最为关键。

汇保一般只能得到候补、候选、即用、即选之类的虚职，只有密保才能得到实缺。曾国藩对于重要的保举，一般采取密保的形式。咸丰十一年他奏保左宗棠、沈葆桢和李鸿章等人，他的考语极有力量，他说李鸿章"才大心细，劲气内敛"，说左宗棠"取势甚远，审机甚微"，并说其"才可独当一面"，说沈葆桢"器识才略，实堪大用，臣目中罕见其匹"。由于他采用了密保的方式，又有很高的评价，朝廷很快批准：左宗棠出任浙江巡抚，沈葆桢出任江西巡抚，李鸿章出任江苏巡抚。这样两江四省，全部成了湘军的势力范围。

不过，曾国藩在保奏实缺官员的时候，仍然十分谨慎，他按级别大小大体分为三个层次，分别采取不同办法。保奏巡抚一级官员，曾国藩只称其才堪任封疆，并不指缺奏保。对于司道官员则指缺奏荐，不稍避讳。对于州县官员更有不同，曾国藩不仅指缺奏荐，且对因资历不符而遭吏部议驳者，仍要力争。

为了使广大候补府县均有补缺之望，他还特别制定委缺章程，使出类拔萃之才早得实缺，一般人才亦有循序升迁之望。对于幕府的保奏，曾国藩实际上也采用此法。追随曾国藩多年的幕僚，才高者如李榕、李鸿裔、厉云官等早已位至司道，而方宗诚等则到同治十年（1871）才得任实缺知县，这大概就是区分酌委与轮委的结果。这就使中才以下只要勤勤恳恳，忠于职守，人人都有升迁之望，尽量做到让每个人都能分到实惠。

在保奏的同时，曾国藩还鼓励下属走出去，独立发展。这是曾国藩高出同时代人的卓识之一。早期在事业刚刚起步的时候，他坚决反对另立山头的情况，为此，他把不服调遣的王璞山踢出门户。但是随着事业的发展，他却改变了这种做法，开始鼓励有能力的下属独当一面。左宗棠投入他的门下时，没过几天，他就命左宗棠回乡招募军队。左宗棠回乡后，以王璞山的旧部老湘营为基础，拉起了一支五千人的队伍，由王璞山的侄子王开化等统领。这五千人初战告捷，还为曾国藩解决了一次重大危机，令曾国藩刮目相看。后来这支军队就成了独立于曾国藩系统的武装，虽然接受曾国藩的统一节制，但实际上的领袖是左宗棠。其在镇压太平军的过程中，转战江西、浙江、福建等地，迅速壮大，最后发展到七八万人。这就是左系湘军。后来镇压捻军，以及平定新疆，都是靠这支军队的力量。由于有了这支力量，左宗棠才成为几乎和曾国藩并列的中兴名将。

曾国藩让李鸿章编练淮军，也是出于同样的目的。淮军的发展远远超过左系湘军，甚至最后也超过了曾国藩本人的曾系湘军，成了晚清政局中的主导力量，也是李鸿章政治活动、外交活动的基础。

后来曾国藩还把这种经验传授给李鸿章，他曾致信李鸿章说："昔麻衣道者论《易》云：学者当于羲皇心地上驰骋，无于周孔脚跟下盘旋。前此湘军如罗罗山、王璞山、李希庵、杨厚庵辈，皆思自立门户，不肯寄人篱下，不愿在鄙人及胡、骆等脚下盘旋。淮军如刘、潘等，气非不盛，而无自辟乾坤之志，多在台从脚下盘旋。岂阁下善于制驭，不令人有出蓝胜蓝者耶！"提醒他要放开下属的手脚，让他们能独当一面，自己发展，青出于蓝而胜于蓝。

曾国藩倡导"自立门户"，鼓励下属独立发展，由此可见他的胸怀之宽广。其实，从曾国藩的经历中也可以看出，放开下属的手脚，自己不但没有损失，反而由于他们的实力增强，也大大地加强了自己的力量。这是一种相辅相成的关系。应当说，这是曾国藩驭下之道中最高明的一招。

▎本章小结

刀在石上磨，人在事上练。

人生最好的修行，就是在"事上磨"。

"世无废物，人无废人"，世间万物皆有其用。

关键时刻敢于为下属撑腰。

自己成功，也要成全别人。

第四辑

会做事不如会说话

▌进言要找准时机

西汉时，李陵率五千步兵出击匈奴，被对方重兵包围，战至最后一人，不得已投降匈奴。汉武帝闻报大怒，左右大臣也纷纷要求严惩李陵。

这时司马迁进言，说他平时观察李陵的为人，恪守节操，讲究孝道，对朋友守信，谦恭有礼，这次兵败投降，也是无可奈何，可能是想寻找机会报效汉朝。在当时的气氛之下，司马迁的话引起武帝极大的不满，当即令人将他交付狱吏。满朝文武噤若寒蝉，没人敢给他说情。

司马迁本是太史令，向皇帝进言、拾遗补阙是他的职责，问题出在进言的时机没有把握好。一是因为，皇帝当时在气头上，谁为李陵说情，谁就撞在了枪口上；二是因为，李陵是随贰师将军李广利出征的，李广利是谁？是武帝的宠妃李夫人之兄，也就是武帝的大舅哥。这场败仗的责任如果不让李陵认了，那就得李广利担着。这个道理司马迁未必看懂了。

人是一种有着复杂生理和心理特征的动物，其思维难免受到心理状态的影响。领导也是人，也无法摆脱思维规律的影响。所以进言不妨选对方心态平和、心情愉悦的时候。人在愉悦时总是乐于助人的，因为快乐是自内向外放射的。

有人说，魏征、寇准这样的人，一向直言敢谏，在朝堂上据理力争，面折君王，他们都没有遇到麻烦，君臣还非常和谐。《资治通鉴》里有句话："君明则臣直。"那是因为他们碰到好领导了。

魏征一开始是太子李建成的谋士，李世民杀李建成之后还敢用他，对他的谏言也是从善如流，这就在人前树立了明君的形象。李世民明君的称号离不开魏征的衬托。

据记载，魏征一共向李世民进谏三百余次。李世民有时也被他逼得狼狈不堪，盛怒之下也说过要杀了这个"乡巴佬"。但本质上，两个人是互相需要，互相成全，这种一唱一和也是维护朝堂上良好政治氛围的需要。

魏征不是那么好学的。因为魏征与皇帝相知甚深。想做领导身边的魏征，要看看自己有没有那个资格。

海瑞也是以敢言而天下闻名。当时嘉靖皇帝一心学道，朝政荒废，海瑞做了京官之后，对嘉靖皇帝的弊病看得更加清楚，于是上书《治安疏》。在奏疏中，海瑞指责嘉靖皇帝沉迷长生，不务政事，十多年来没有上朝，使得法令失度，官员失德。除去指责的部分，海瑞在这份奏折里也提出了许多建议，如节省开支，整顿吏治等。这一封奏疏相当于指着皇帝的鼻子骂，嘉靖皇帝哪里能忍，命左右速速将他捉拿查问，不要让他跑了。

皇帝身边的人对他说："海瑞这个人不会跑的，听说他已买好了一副棺材在家等着。"

嘉靖皇帝听了默默无言。拿起奏疏反复读了多次，并说："这个人想当比干，但朕不是纣王。"于是命人将他下狱，但一直没有处死。

海瑞这种激进的上书方式，对嘉靖皇帝来说构成了压力。那就是，如果我杀了你，成就了你直臣的美名，那我就成了纣王，永远被钉在历史的耻辱柱上。

这也给我们启示，进言的时候要考虑对方的感受，要考虑对方会陷入什么处境。以进言邀名的人是不受欢迎的，因为你把对方当成了工具。

荀子曾批判过春秋时一个名叫史鱼的史官。史鱼是卫国人，曾多次劝谏卫灵公任用贤人，没有被采纳，临死时，他嘱咐儿子不要将自己的尸体入棺，进行"尸谏"。卫灵公知道后，对他大加赞扬，由此他获得了敢谏的美名。但荀子就批判了史鱼的这种做法，说他有盗名之嫌。

荀子说话可能有点刻薄，但常常说到人性的本质。

▌好话要说到心坎儿上

在南齐高帝萧道成的辅佐大臣中，王俭是最受宠的一位。这不仅因为他曾多次为萧道成出谋划策，更是因为他深深懂得主上的心思。

王俭出身于琅琊王氏，自幼饱读诗书，擅写文章。刘宋末年，萧道成是朝中相国，总领百官，他急于招揽人才参谋大业。王俭向来知道萧道成的心思，便找机会对他说："臣子功劳太高，就没法赏赐了，自古以来都是这个道理。以您今日之地位，想要一直北面称臣，这可能吗？"萧道成严肃地打断他，但神态是和悦的。

王俭又说："当今皇帝荒淫暴虐，您应该勇于承担大任，如果再推辞，就会让天下人失望，而且您的七尺之躯也难以保全。"萧道成笑着说："您的话不是没有道理。"王俭又自告奋勇，请求去劝说褚渊。萧道成说："我应当自己前往。"不久，萧道成去找褚渊长谈，一番转弯抹角后，萧道成说："我最近做了个梦，说是我应当得官。"褚渊说："您刚刚加封了官爵，恐怕一二年内不会再提拔了。再说，吉利的梦不一定是真的。"萧道成找了个没趣，回来告诉了王俭。王俭说："褚渊真是不明达事理。"

萧道成称帝后，在宫中设私宴款待几位亲信大臣。席间，他一时高兴，便吩咐每人表演一个节目以助酒兴。几位大臣不敢怠慢，纷纷使出拿手好戏来取悦皇上，有的弹琵琶，有的抚琴，有的唱歌，有的跳舞。萧道成的爱将王敬则是个粗俗武夫，也乘着酒兴脱光膀子，跳起了武人所擅长的"拍张"之舞，叫喊声响彻大殿。王俭说："臣无所解，唯知诵书。"说罢便跪倒在萧道成面前，高声朗诵起《封禅书》。

封禅是古代表示帝王受命而有天下的典礼，凡是认为自己功德无上、事业鼎盛的帝王，都要到泰山举行这种告祭天地的盛典。《封禅书》是司马相如歌颂汉武帝功德的作品。王俭咏此，显然是借古颂今，把萧齐的建立说成顺应天意之举，又把萧道成比作雄才大略的汉武帝，一举两得，可谓恰到好处。萧道成听了很高兴，但口中还说："这是盛德君主的事情，我哪里担当得起？"后来萧道成又让陆澄背诵《孝经》，陆澄从第一章"仲尼居"开始背诵。王俭说："陆澄博学但不得要领，我请求背诵。"于是背诵了《孝经》的"君子之事上"章。皇上说："很好！现在我更觉得张子布（三国时吴国名臣张昭）没什么稀奇的了。"

萧道成和魏晋以来借"禅代"之名篡取天下的统治者一样，试图以提倡孝道来粉饰自己。他令人吟诵《孝经》，便是这种用心的一种表露。王俭对此心领神会，他背诵的"君子之事上"章，大意是："君子侍奉明君，在上朝觐见君主时，要想着如何尽忠；从朝廷退居在家时，又想着如何来纠正补救君主的过失……所以，在上位的君主和在下位的臣子，都能够相互亲爱了。"和陆澄比起来，王俭背诵的段落就非常应景，也让萧道成更加高兴。

▌批评要懂得迂回

在《资治通鉴》中有这样一个故事：

宋太祖在臣子张思先面前说大话："因你这次为君为国做出如此重大贡献，我决意让你官拜司徒。"

张思先左等右等总不见任命下来，可是又不好当面询问，这会让皇帝面子上不好看，也可能此事就吹了。左思右想，只能幽默一下，来个皆大欢喜。

有一天，张思先故意骑一匹奇瘦之马从宋太祖面前经过，并惊慌下马向宋太祖请安。宋太祖问道："你这马匹为何如此之瘦？是不是你不好好喂它？"张思先答："一天三斗。"宋太祖又问："吃得这么多，为何还如此之瘦？"张思先答："我答应给它一天三斗粮，可是我没给它吃那么多。"二人大笑不止。

宋太祖是个聪明人，马上有所顿悟。第二天，就下旨任命张思先为司徒长史。

《三国志》中也有一件有趣的事：

曹操的儿子曹植才华横溢，文思敏捷，很受曹操的宠爱。因此曹操便想废除长子曹丕的世子地位，而改立曹植为世子。这一天，曹操叫来谋士贾诩，屏退左右，向贾诩说起自己打算废丕立植之意，并问贾诩："说说你的看法。"

贾诩心中是不赞成改立世子的，可直截了当地否定曹操的想法当然不行。贾诩听完曹操的述说后，一直默默不语，也没有回答曹操的询问。曹操见他半天不说话，便问道："和你说了半天，可你却不回答我的问题，这是为什么？"贾诩慢悠悠地回答说："臣下在想一件事，因而未能及时回答您的问题。"曹操又问："你在想什么事？"

贾诩沉思半晌，回答道："我在想袁绍、刘表父子的事呀！"袁绍和刘表都是东汉末年称霸一方的豪强，袁绍因为非常喜欢小儿子袁尚，便让他代替了长子袁谭做了世子。袁绍死后，袁尚、袁谭各树一帜，互相争斗，最后都被曹操一一灭掉了。刘表也很喜欢小儿子刘琮，后来便废掉了长子刘琦，让刘琮做了继承人，最后也被曹操灭掉。贾诩特意点出这两个废长立幼而最终又被曹操攻灭的人，意在表明废长立幼终不可取，非常巧妙地表达了自己的劝谏。

曹操听了贾诩的话，马上明白了其中的深意，哈哈一笑，从此再也不提改立世子的事了。

上级有失误不是不能批评，但一定要注意方式。英国大文豪毛姆在其名著《人性的枷锁》一书中说过一句名言："身居高位之人，即使请你批评指教，他所真正要的还是赞美。"因为，这是人性所在。因此，为了达到目的，你要含蓄、幽默，要让人感悟，而非刺痛，这样才能皆大欢喜。

管理学家认为：

1. 批评的效益在什么时候都是与被批评者对你的信任成正比关系，否则将适得其反。

2. 当被批评者的不当行为可能重复发生且可能予以纠正时，才值得批评，才有批评的价值和意义。

3. 要选择批评的时机，要避免含混不清或类似讽刺的措辞，尤其不能对其表现出完全置身事外的态度。

4. 在批评过程中，要对事不对人，一切言辞都要实事求是，要留有余地。不要把话说得太满，夸张是大忌。

▌劝说他人，一定要委婉

劝谏是一门学问，其关键在于掌握对方的心理，针对对方的心理对症下药，把话说到对方心里去，这样才会产生共鸣，得到对方的认可，使对方接受。下面几个故事都展现了劝说的技巧。

春秋时，陈惠公征调犯人兴建凌阳台，还没有完工，就有几个人因犯法被处死了。一天，陈惠公又下令将三名负责监督工程的官员押进监狱，大臣都不敢进言劝阻。正巧孔子来到陈国，见过陈惠公，便与他一起登上凌阳台眺望。孔子向陈惠公祝贺说："凌阳台真雄伟啊！大王真贤德啊！自古以来，圣人修建楼台，哪里有不杀一人就能建成的呢？"陈惠公听了沉默不语，很快命人释放了那三名官员。

春秋时的晏子也常用类似的方法。

齐国有一个人得罪了齐景公，齐景公非常生气，命左右的人把他绑在大殿下，准备处以分尸的极刑，并且说谁胆敢劝阻，一律格杀勿论。这时晏子走过来，左手抓住犯人的脑袋，右手磨着刀，抬头问齐景公："不知道古时圣明的君主肢解人时从哪个部位开始下刀？"齐景公知道晏子是用古代贤明的君主来劝说自己不要滥杀无辜，就离开座位说："放了他吧，这是寡人的错。"

晏子劝说齐景公不要任意刑杀和孔子劝陈惠公有异曲同工之妙。当时齐景公正在气头上，并且已经放出话来 —— 谁胆敢劝阻，一律格杀勿论。如果晏子这个时候直言相劝，就是触犯了君王的威严，肯定不会有好的效果。晏子装出一副要杀人的样子，使齐景公先消消气，稳定一下情绪，然后问齐景公古代圣明的君主杀人的时候从哪个地方开刀，用古代圣明的君主来提示齐景公 —— 圣明的君主是不会滥杀无辜的，齐景公果然领悟了晏子的意图，当即承认了自己的错误。

　　晏子劝说齐景公废除砍脚刑法更是高明。当时，齐景公滥用刑罚，集市上有卖踊的（踊是给受过被砍脚刑罚的人穿的鞋子），齐景公问晏子："你住的地方靠近集市，知道什么东西贵，什么东西贱吗？"晏子回答说："踊贵鞋贱。"齐景公突然有所领悟，于是下令废除砍脚的刑罚。在这时，晏子没有专门找齐景公请求废除这个残酷的刑法，而是借齐景公和自己聊天的机会，轻描淡写地反映这种刑法给老百姓带来的恶果，语气很平和，使齐景公易于接受，对问题的严重性又有足够的反映，齐景公果然醒悟，听从了晏子的劝说。

　　劝说他人，一定要委婉。刮胡子之前通常先在脸上涂些肥皂水，这样刮不起来就不那么痛了。同理，在指出对方的错误之前，最好先"拍一拍"他。

　　战国时的魏文侯宴请各位大臣。酒过三巡后，他想听听大臣们对自己的看法。有的人说魏文侯是个很仁义的君主，有的人说君主很英明，魏文侯听了很高兴。轮到了任座时，他却语出惊人："恕我直言，您不是一个贤君。"魏文侯很不高兴，强压怒火问道："我非常想听听你的理由！"任座依然从容地说："您不把中山国封给您的弟弟，却把它封给了您的儿子，所以我说您不是贤君。"魏文侯一听这话，脸色很是难看，但没有发作，任座就快步走出了宴会大厅。评论继续进行，有了任座的前车之鉴，大家都只是说些歌功颂德的话。轮到了翟璜时，他一本正经地说："国君您确实是个贤君！"魏文侯听了非常高兴，反问道："何以见得呢？""我听说君主贤明的，他的大臣说话就会很直率。而刚才任座说话就很直率，所以我知道您很贤明。"魏文侯受到这么一捧，心里有些飘飘然，他有点担心地问："现在还能让任座回来吗？""怎么不能，我听说忠臣竭尽自己的忠心，即使因此而获得死罪也不会躲避。任座现在一定还站在大门口。"翟璜胸有成竹地说。魏文侯马上派人去看，任座果真还恭敬地站在门口。任座走了进来，魏文侯急忙走下台阶迎接他，自此把他奉为上宾。

劝谏的技巧之一是巧妙地借助话题，委婉地表达自己的意见，使对方从自己的话语中感受隐藏的意见，这样做的好处是能够在轻松的气氛中起到劝说的作用，不会因为激烈的语言使对方产生本能的排斥，更容易为对方所接受。

■ 站在对方角度说服对方

人往往容易受到思维局限，不能清晰地、深层地、多角度地认识事物，这就要求打开思路，扩大观察与思维的范围，放在更宽的时间维度与更大的空间范围中去认识。要想对今天做出正确的认识与判断，不妨反观过去，用历史长河中积累的丰富的经验教训来认识今天，这是温故知新的办法；要想对自己有正确认识，不妨反观周围人，看看人家的成败得失、喜怒哀乐，来知道自己应该怎样为人处世，这是观人知己。

所以，许多时候要置身局外，超脱自我，角色换位，这样可以"反而得覆"。特别是遇到一些疑难问题，动静虚实出现反常时，更要进行反向观察、反向思考、反向相求。圣人的高明之处就在于善于从反向的观察与思考中进行正确判断与处置。

战国时期，赵惠文王死了，孝成王年幼，由母亲赵太后掌权。秦国乘机攻赵，赵国向齐国求援。齐国说，一定要让长安君到齐国做人质，齐国才能发兵。长安君是赵太后宠爱的小儿子，太后不让去，大臣们劝谏，赵太后生气了，说："再有劝让长安君去齐国的，老妇我就要往他脸上吐唾沫！"左师触龙偏在这时候求见赵太后，赵太后怒气冲冲地等着他。

触龙慢慢走到太后面前，说："臣的脚有毛病，不能快跑，请原谅。很久没有来见您，但我常挂念着太后的身体，今天特意来看看您。"太后说："我也是靠着车子代步的。"触龙说："每天的饮食大概没有减少吧？"太后说："用些粥罢了。"这样拉着家常，太后脸色好了许多。

触龙说："我的儿子年小才疏，我年老了，很疼爱他，希望能让他当个王宫的卫士。我冒死禀告太后。"太后说："可以。多大了？"触龙说："十五岁，希望在我死之前把他托付给您。"太后问："男人也疼爱自己的小儿子吗？"触龙说："比女人还厉害。"太后笑着说："女人才是最厉害的。"

这时，触龙慢慢把话头转向长安君的事，对太后说，父母疼爱儿子就要替他打算得长远。真正疼爱长安君，就要让他为国建立功勋，不然一旦"山陵崩"（婉言太后逝世），长安君靠什么来在赵国立足呢？太后听了，说："好，长安君就听凭你安排吧。"

触龙能够说服赵太后，是因为他从太后的需要出发，为长安君谋长远，而不是谋一时。这个问题解决了，太后也就愉快地接受他的建议了。

▌打出自己的旗帜

在乱世，群雄并起，谁都想吃掉别人，独占天下。这时候，他们通常都宣称自己是正统，是天命所归，而别人都是贼。比如项梁拥立楚怀王的孙子，重新打起"楚"的旗号；再如曹操挟持汉献帝，自任丞相，挟天子以令诸侯。他们的目的都是为了取得道义的合法性。梁山好汉造反，他们也不认为自己是贼，而是"替天行道"。

打出自己的旗帜，其实也是一种"语言"，只不过是通过符号来表达而已。

曾国藩是一个品牌策划大师。他因首创湘军，一举扑灭太平军而名声大振，位极人臣。曾公的军事思想和有关方略，被后来的政治家、军事家推崇备至，毛泽东主席曾有读近代史"独服曾文正"的感慨。

从策划和营销的角度来看，曾公成功地开发和运用"湘军"这一品牌，堪称一代策划大师。

初创湘军时，曾公没有值钱的资本，初战大败，有过两次差一点殉节的经历，可谓三起三落，好在其"不懈的报国志向"和良好的心境及修为，硬是渡过了难关。综观其整个过程，对品牌的塑造有三个方面值得有关人士的借鉴。

一是善于抓住和利用机会。往往时势造英雄。在当时清朝的整体军备衰败时（这就是机会），曾公在积极争斗中脱颖而出。曾公获实际权力后，为其打胜仗的目的，置古训和陈规于不顾，采取了一系列的改革，如立即健全和强化造血功能，设局收税等，使队伍有足够的经济实力与强大的太平军抗衡。

二是善用人才，量才适用。他虽用了大批文人（大多是不得志的，只有靠军功来光耀门楣的落魄之人），对一介武夫也尽其所长，使得他帐下军事型的、谋划型的、经济型的人才应有尽有，对有功者尽可能请旨封赏。在湘军鼎盛时，在全国18个省中，有13个省的封疆大吏是其属下和门生，担任其他类似职务的，也不少于20人，其势如日中天，前无古人，登峰造极。

三是用文化来训练军队，使之成为有思想、有活力的"曾家军"。曾公在编写了多种手册要求士兵的同时，还提出了一些"乱世须用重典""宁可错杀一千，决不放过一个衣冠禽兽"的经典语言，多被后人采纳，成为治兵行军语录。他第一次大规模对有功部下的奖赏竟是一把刻有他名字的匕首，这也是潜在的文化影响。从品牌的开发角度，他紧抓文化内涵的影响和独具个性的塑造，使他的军队不同于其他的部队，最后走向成功。

曾公和他的湘军名满天下时，在朝野却毁誉参半。他一方面受到封侯拜相、满门得宠的皇恩浩荡，另一方面也体会出功高震主、必遭猜忌的天威凛冽。当时如有不慎，要么自成一统，要么身家性命毁于一旦。以其忠君报国思想，肯定不会犯上，为了功成身退，独善其身，他毅然裁撤湘军，同时把核心力量向他的分支淮军倾斜，保持相当的力量，较好地摆脱了进退两难的境地。

曾国藩的这一套经验是很值得现代企业在搞策划、搞项目时借鉴的。

曾国藩很重视宣传。在讨伐太平军的檄文中，他善于争取民心，与太平军争夺思想阵地。

首先，他抓住"田则天王之田"一说，利用私有观念煽动群众反对太平天国。太平天国《天朝田亩制度》的核心是没收地主土地，平分给无地少地的贫苦农民。但在实施过程中却是"人人不受私，物物归上主"，不分青红皂白地打击了自耕农以上的各个阶级和阶层，扩大了打击面。曾国藩抓住这个弱点极力挑拨，煽动中农以上中小土地私有者同地主阶级站在一起反对太平军，尽可能将太平军孤立起来。

他还利用封建伦理观念反对太平天国的拜上帝教。太平天国宣布天下男子皆兄弟，天下女子皆姊妹，军民上下皆以兄弟、姊妹相称，极大冲击了封建礼教，引起了许多士人的反感。君臣、父子等封建人伦观念已存在了几千年，对人们影响很深。曾国藩利用人们这种思想基础，宣称太平天国不让人们称自己的父母为父母，而只能称为兄弟姊妹等，更加深了人们对太平军的误解，达到了在政治上孤立太平军的目的。

利用尊孔思想争取封建士人。当时的知识分子绝大多数都是儒教的信徒，即使有些人不满清王朝的统治，但并不反对儒家思想。这部分人是知识阶层的主体，也是社会的主体，在社会结构中发挥着极其重要的作用。曾国藩抓住这个特点，竭力争取这部分人，吸引他们同自己一道维护清朝的统治。他指责太平天国反对孔孟，而自己则以卫道者自居，便很容易得到了这些人的好感。事实证明，曾国藩的湘军以及淮军集团骨干就是这些士人，由于争取到了他们的鼎力支持，才促成了最后的成功。

利用传统的民间信仰反对太平天国的外来宗教。太平天国独尊上帝，在思想领域里反对孔孟，反对鬼神迷信，甚至连颇受民间尊敬的关羽、岳飞的塑像也往往加以毁坏，这就不仅遭到封建地主阶级的反对，连普通的百姓也想不通。曾国藩抓住这个弱点大加攻击，引起一些人对太平天国的不满，达到孤立太平军的目的。

"名不正则言不顺。"取得道义的合法性，抢占有利的口号，取得话语权，对于做大事来说有十分重要的意义。

欲成大事者，更应该重视名誉对自己长远利益的巨大帮助。千万不能因为蝇头小利干那些有损自己声誉的事。对那些人所共知的道义形象，应该是保护和利用，而绝不应该毁坏他。政治家们最善于树立道德形象，对那些血统高贵的遗民、文化名人、道德楷模一定要加以尊重，以笼络人心，以德治天下。

在乱世中对待前朝皇帝最好的模式当属曹操的"挟天子以令诸侯"，维护了王朝的道统，获得了道义上的唯一合法性和权力上的威严性，在天下普通民众眼中，显得很具有道德形象。当然，对手和智者会看穿这种手段，但是天下之大，有头脑又有话语权的人又有几个呢？

▌掌握话语权

战国时候，魏王送给楚王一个美人。这美人年方二八，身材苗条。楚王非常喜欢她。

楚王的夫人郑袖，见新来的美人姿色出众，胜过自己，妒意油然而生。她主动向这位美人示好，取得她的信任，然后告诉她说："大王非常喜欢你，只是有点讨厌你的鼻子，如果你见大王时经常捂住鼻子，大王就会长久地宠爱你了。"

新美人信以为真，以后每次见到楚王都捂着鼻子。楚王感到很奇怪，有一次问郑袖："新美人见寡人时常常捂住鼻子，你知道是什么原因吗？"

郑袖吞吞吐吐，欲言又止。

楚王见了，觉得其中必有缘故，就一再追问。郑袖装作不得已的样子说："她曾经说，她讨厌大王身上的气味。"

楚王听了，不禁大怒，命人割掉新美人的鼻子。

郑袖的阴谋之所以能得逞，是因为她是楚王的夫人，与楚王相处很久了，早已得到了楚王的信任。而那个美人虽然受楚王宠幸，但她一是地位不如郑袖高，二是与楚王沟通不够，所以她没有话语权，她的行为只能任由郑袖阐释。如果你不能阐释自己，而被别人阐释，那是非常危险的。

还有同样的故事。战国时，廉颇为赵将，忠勇卫国，后中奸臣谗言，出走魏国。后来，边境事紧，赵王想重新起用老将廉颇，便派使者去考察一下，看看这位老将身子骨怎么样，还能不能打仗。

不料老将军的一个名叫郭开的仇人，"多与使者金，令毁之"。史载："廉颇见使者，一饭斗米，肉十斤，被甲上马，以示可用。使者还报曰：'廉将军虽老，尚善饭；然与臣坐，顷之三遗矢矣。'赵王以为老，遂不召。"一代名将，就因为考察者谎报他不服老，"硬撑着多吃了几碗饭，不一会儿就上了三次厕所"，而失去了报国的最后机会。该使者"毁"技之高超，令人不寒而栗。

《西京杂记》中记载了昭君出塞的故事。说的是汉元帝选美，派画工去民间画"候选女"的标准画像来评选。王昭君洁身自好，不肯向索贿的画工毛延寿献上"润笔费"，毛延寿就把她画得丑了一些，致使王昭君这位绝世美女"久居宫中人未识"，后又被迫"外流"——出塞和亲。当然，在今天看来，这是为民族团结做贡献，可是当时汉元帝恼得不行，怒杀毛延寿，没收其家产。

人要想做成事，必须牢牢抓住话语权，防止自己处于不利的境地。据说曾国藩与太平军相持，屡吃败仗，他给咸丰皇帝上奏折，里面写道："臣屡战屡败。"旁边的幕僚看了，建议他将"屡战屡败"改成"屡败屡战"。顺序这么一调整,含义大变。"屡战屡败"隐含着失意无奈的心理,而"屡败屡战"就有一种昂扬的斗志,让人不禁赞赏。

有部著名的电影叫《罗生门》,影片讲述一个武士被杀,随后,围绕谁是杀害武士的真凶,强盗、死者的妻子、女巫,以及目击者樵夫,各方都基于自己的利益和立场,给出了不同的故事版本,让这起凶杀案的真相变得扑朔迷离。从此,"罗生门"成了一个著名的典故。

其实生活中处处有罗生门,每个人都是阐释者,也被人阐释。明枪易躲,暗箭难防,何来真相?真相往往是强者操纵弱者的结果。弱者不过是强者话语权中的一环,为其逻辑自洽服务,弱者沉默屈服,不可辩白。

▌本章小结

如果你有求于人,不妨挑选对方心情愉快的时候。

身居高位之人,即使请你批评指教,他所真正要的还是赞美。

把话说到对方心里去,这样才会产生共鸣。

"名不正则言不顺。"取得道义的合法性,抢占有利的口号,取得话语权,对于做大事来说有十分重要的意义。

真相往往是强者操纵弱者的结果。

第五辑

运筹帷幄的控局策略

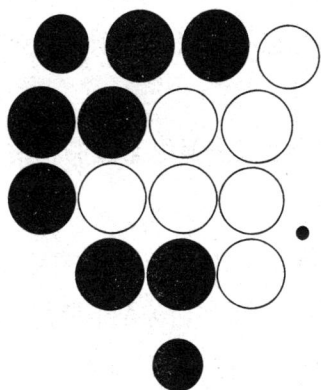

■ 需要创造敌人，敌人创造需要

据说，战国的苏秦与张仪曾一同受业于鬼谷子门下，学习纵横家的学术和言论。后来苏秦游说赵王成功，联结六国组成合纵的同盟，一致对抗强秦。当苏秦已经飞黄腾达的时候，张仪却是屡遭挫折，郁郁不得志。

身佩六国相印的苏秦十分重视秦国的强弱，因为如果秦国太过强盛，有实力消灭六国，那么合纵的局势只是昙花一现；如果秦国实力减弱，不再对六国产生强大的危机感，那六国就不会团结一致，合纵抗秦了。不管何种情形，只要合纵一瓦解，那他苏秦的地位也就不保。这个火候要掌握好，这个局需要"控"。

所以他需要有一个人去操纵秦国的权柄，而这个人就是他的老同学 —— 张仪。

苏秦便派人去和张仪说：

"你曾经和苏秦一起求学，关系很要好，现在他已经显达得意了，你何不去找他，相信他会帮助你。"

于是张仪来到赵国求见苏秦，但苏秦故意摆出官架子，不和张仪见面；张仪想离去，又不让他离开。等过了好几天，才与他相见。接见时，苏秦刻意对张仪很不尊重，让他坐在堂下，拿仆妾的饮食给他食用，并且数次用言语讥讽。苏秦说："以你的才干，竟然落魄到这种地步，实在太不中用了，收留你等于是丢我的脸。"便回绝了张仪，命人将他赶出去。

张仪本以为苏秦会眷念故人之情，多少帮助他一些，没想到竟反遭这等羞辱，一怒之下便决定前往秦国。他想六国已是苏秦的势力，自己唯一的机会，便是秦国，而且也只有秦国有能力压制六国，他要借助秦国的力量报复苏秦。

苏秦知道张仪贫穷，无法顺利前往秦国，便派一名心腹扮作客商，资助张仪许多钱财。张仪不知道这商人是苏秦派来的，但有了这位贵人的帮助，终于抵达秦国。

游说秦王后，张仪马上得到重用，后来更升为秦国宰相，掌握大权，积极谋划进攻六国。

张仪显贵后，重重酬谢帮助他的客商。这时客商才告诉张仪这一切都是苏秦的设计，自己只是奉苏秦之命，扮作商人资助他到秦国，并解释说：

"当初苏秦之所以故意侮辱你，目的是要激励你的意志，让你能完全掌握秦国的政权。否则你一得到秦王任用，只怕会满足于小小的地位，而没有控制全国政权的企图，以对抗六国。"

张仪终于恍然大悟，万分感激苏秦的帮助和用心。

他们二人分别操纵战国七雄中的两大阵营，名义上虽然互相对立，却此消彼长，各自长保荣华富贵。

苏秦在这里提供了一个"需要创造敌人，敌人创造需要"的思维。

苏秦希望能长保富贵，这是"需要"；但因为秦国的强弱会直接影响合纵的存在与否，所以苏秦激张仪到秦国，操控秦国的强弱，让秦国能对合纵的六国保持一定的压力，这是"创造敌人"；当秦国对合纵的六国有了一定的压力，这六国为了不被秦国吞并，便"需要"苏秦；同样，秦国为了避免合纵的六国太过强盛，自然也"需要"张仪！合纵、连横两组战略思维主导了战国时代的国家关系，但其中的奥妙与诡诈，大概只有苏秦和张仪知道吧！

"需要创造敌人，敌人创造需要。"这样的例子在历史中屡见不鲜。太平天国的兴起，给了曾国藩名留青史的机会，不然的话，他只能在理学的道路上终老。洪秀全灭亡后，没有了强劲的对手，曾国藩的生命也黯淡无光了。

在生活中也是如此。比如两家企业竞争，互有胜负，打得不可开交，其实双方都将因此获利，并成长壮大。"感谢你的敌人"就是这个意思。

另外，古代的帝王经常使下面的两派臣僚保持一种均势，谁也消灭不了谁，以达到控制群臣的目的。晚明的阉宦与东林党之争，康熙朝的明珠与索额图之争，晚清的翁同龢与李鸿章之争，莫不如此。此术一旦被滥用，经常造成悲剧性后果，双方互相倾轧，正义得不到高扬；国家公器也成了私人钩心斗角的工具。谋事者不可不慎。

▋ 把博弈的主动权抓在手里

博弈论中有一个经典命题叫"囚徒困境"，讲的是，假设有两个嫌犯被警方抓住，事前他们订下攻守同盟，都不招供，则警察只能因证据不足将二人无罪释放。于是警方分开囚禁嫌犯，并向双方提供以下相同的选择：若一人认罪并揭发对方，而对方对抗，此人将即时获释，对方将判监十年；若二人都对抗，则二人同样判监半年；若二人都互相揭发，则二人同样判监两年。

因为囚犯都是理性的自私的人，在审讯的时候，甲可能会这样想："乙是否会遵守我们的约定呢？如果不遵守，那我不背叛岂不是很吃亏？如果他遵守了约定，那么我背叛能获得更多的收益。"于是聪明的甲会倾向于背叛。同样的，乙也会这么想，于是两个人最终都背叛了，各判监两年。

在这个博弈中，警察是胜利者。因为他制定了有利于自己的规则。历史上的很多谋略家，都深谙此道：把博弈的主动权抓在自己手里。

我们还是用例子来说明吧。

宋仁宗康定年间，西夏国主元昊率兵入侵延州，大将刘平、石元孙等合兵抵抗，打了两次大胜仗。后来由于担任监军的宦官黄德和不懂装懂，多方钳制，使宋军大败，大将刘平阵亡。

消息传到朝廷，朝中舆论认为宋军之所以大败是因为朝廷委派宦官做监军，主帅不能完全施展自己的指挥才能，所以刘平失利。大臣们早就对宦官任监军十分反感，于是借机要求宋仁宗废除各主帅军中的监军，仁宗下令诛杀宦官黄德和。

在军中设监军从宋太祖时就开始，以后一直延续下来，这是因为宋朝皇帝害怕各将领拥兵自重、威胁皇室。现在要求废除祖制，宋仁宗有些举棋不定，于是向吕夷简征求意见。吕夷简回答说："不必撤掉，只需选择为人忠厚谨慎的宦官去担任监军就可以了。"宋仁宗委派吕夷简去选择。吕夷简又回答说："我作为一名戴罪宰相不应当与宦官有私下交往，又怎么知道他们是否贤良呢？希望皇上命令宦官总管去推举，如果他们所推举的监军不能胜任职务的话，与监军同样治罪。"宋仁宗采纳了吕夷简的意见。

诏命下达的第二天，宦官总管怕受到连累，于是就在宋仁宗面前叩头，请求撤掉各监军的宦官。朝中大臣都称赞吕夷简有谋略。杀一个监军，其他监军依然存在。全部撤掉了他们，以后军中再有过失时，他们就会为不该撤掉他们找到口实，所以让他们自己请求撤掉最好。

这是用惩罚和报复的手段来改变博弈的典型案例。

南宋初年，面对金朝女真族的大举入侵，当时号称名将的刘光世、张浚等人消极避战。有个叫郡缙的人上书朝廷，建议重用岳飞，大加封赏。那封推荐书写得很有意思，大意是：

"如今这些大将都是深享富贵荣华，他们不再肯为朝廷出力，有的人甚至手握强兵威胁控制朝廷，很是专横跋扈，这样的人怎么能够再重用呢？""驾驭这些人就好像饲养猎鹰一样，饿着它，它便会为你猎取猎物；喂饱了，它就飞掉了。如今这些大将都是还未出猎就早已被鲜肥美肉喂得饱饱的，因此派他们去迎敌，他们都掉头就跑。"

"至于岳飞却不是这样，他虽然拥有数万兵众，但他的官爵低下，朝廷对他也没有什么特别的恩宠，他是一个默默无闻的低级军官，这正像饥饿的雄鹰准备振翅高飞的时候。如果让他去立某一功，然后赏他某一级官爵，完成某一件事，给他某一等级的荣誉，就好像猎鹰那样，抓住一只兔子，便喂它一只老鼠，抓住一只狐狸，就喂它一只家禽。以这种手法去驾驭他，使他不会满足，总有贪敌求战之意，这样他必然会为国家一再立功。"

后来宋高宗大约是听进了郡缉的话，多次提拔了岳飞。

这是个用激励改变均衡的故事。故事中的这个叫郡缉的人说的一番道理精辟透彻，只不过这话要是传到岳飞耳中，不知我们的抗金英雄将作何感想。

在这个故事中，郡缉向我们揭露了封官到位所造成的一个恶性的均衡。为了改变这种均衡，郡缉向皇帝提出了两个策略，第一个就是封官要慢慢地封，要始终都让下属尝到甜头，但不会让他满足以丧失进取心。另外封官最好是永远都不到位，官封到位了，他就不会再有努力的动力了。如果把这两个策略归结为一点，那就是，让下属永远都有努力的动力。对于下属来说，只要努力进取带给自己的收益比停滞不前要高，他们自然选择前者。如此一来，让人困惑的恶性均衡就被打破了。

▌治未病不如治大病

有这样一个寓言：

战国时的魏文侯问名医扁鹊："听说你有兄弟三人，都在行医，那么你们当中，谁的医术最为高明呢？"

扁鹊回答说："其实我的大哥医术最为高明，他目光犀利，一眼就可以看出得病的征兆，可以在疾病尚未形成之前就先将其治愈，所以他的名声并没有外传，只有我们自家人知道。二哥次之，他为人治病，可以把刚刚开始发作的小毛病治好，所以他的名声也只在家乡流传，没有传播到太远的地方。我其实是最差的，我治病的时候，一直要等到病毒已侵入了血脉的时候才诊断得出，所以要使用猛药，结果反而声名远播了。"

魏文侯听了，深有感悟，钦佩地说："你的见解可真是高明啊！"

防病先于治病。扁鹊与魏文侯的一番对话，对这一观点做出了生动鲜明的解释。在扁鹊三兄弟之中，大哥的医术最为高超，但正因为他的医术高明到了在疾病尚未发作之前就将其根治的程度，从根本上杜绝了疾病对人的危害，反而不被一般民众所理解，因而并没有什么名气，真正有名的倒是三人之中医术最低的扁鹊。

有时候确实是这样，真正的智者没有人理解，群众的眼睛未必雪亮。善于谋事者都懂得：宁与人共醉，不要我独醒。

民国李宗吾先生曾说：中国人办事，经常使用"补锅法"。做饭的锅漏了，请补锅匠来补。补锅匠一面用铁片刮锅底的煤烟，一面对主人说："请点火来给我烧烟。"他趁着主人转身的时候，用铁锤在锅上轻轻地敲几下，那裂痕就增长了许多，及主人转来，就指与他看，说道："你这锅裂痕很长，上面油腻了，看不见，我把锅烟刮开，就现出来了，非多补几个钉子不可。"主人埋头一看，很惊异地说："不错！不错！今天不遇着你，这个锅子恐怕不能用了！"及至补好，主人与补锅匠，皆欢喜而散。

郑庄公纵容他的弟弟共叔段，使他多行不义，然后才举兵征讨，这就是"补锅法"。历史上这类事情是很多的。锅烂到什么程度，用多大力度来敲，这就需要控局的手腕了。

也有用力过度把锅敲烂的。明末的武将左良玉，奉命围剿农民起义军，战绩显赫，眼看就要把李自成、张献忠剿灭了，但他的上司杨嗣昌总觉得他傲不可用，一面派人去军中约束他，一面物色人选准备取而代之。这使左良玉非常痛恨。就在川陕一战中，杨嗣昌命令左良玉堵截农民军，左良玉袖手旁观，置之不理。由于左良玉观战不至，张献忠从容出川攻打襄阳，农民军大胜，杨嗣昌急火攻心而亡。

左良玉用的就是"补锅法"，本想养寇自重，把锅上的裂纹敲得大些再补，没想到力度稍大，后来控制不住，农民军径直打到北京去了，导致国破家亡。

在今天看来，扁鹊那位医术高明的大哥是不懂"补锅法"的。

▍自己的事业不可维系于一人

有些人怀揣宏大的理想，想做一番大事业，他终于得到一位强势人物的赏识，自己的事业得以开展。可是他的靠山一倒台，他的事业往往也一同结束了。这样的例子在历史上太多了。

吴起是战国时的一位军事家、改革家，为了追求功名，他几乎六亲不认。他本来在鲁国为官，齐鲁交战时，鲁国国君想任命他为统兵御敌的主帅，偏偏他的妻子是齐国人，便有点信不过他，他为了取信于鲁，竟残忍地杀掉了自己无辜的妻子。他曾发誓，不为将相，誓不还乡，后来他的母亲病逝，他果然不回家服丧。

然而，他的仕宦生涯并不顺利，尽管杀掉了妻子，鲁君依然不信任他。后来他到了魏国，为魏国立了大功，又为魏国的贵族所不容。最后，他来到楚国，深得国君楚悼王的倚重，被任命为相国，主持楚国的变法。他变法的一个主要内容便是"损有余而继不足"，把矛头指向在楚国根深蒂固、势力强大的贵族，剥夺他们的田产，废除他们的特权，并将他们迁移到偏远的地区去开荒种地。

　　楚国强大了，吴起却被孤立了，他遭到了旧贵族势力的强烈反对和憎恨，只是由于楚悼王的支持，这些人一时还奈何他不得。公元前381年，楚悼王死了，吴起的后台没有了，那些仇恨积压已久的旧贵族再也按捺不住复仇之心，立即对吴起群起而攻之。吴起无处可逃，情急无奈，一下子扑到了楚悼王的尸体上，他估计那些旧贵族投鼠忌器，一定不敢再对他加以攻击，如果伤害了国君的尸体，那可是灭族的大罪。可那些疯狂的贵族早已失去了理智，什么也顾不上了，乱箭齐发，国君的尸体并没有帮到吴起的忙。

　　吴起的遭遇有一个可以汲取的重要的经验教训。吴起以为，有了楚悼王这样的最高掌权者的支持，他便可以有恃无恐、放手大胆地去干他想干的一切，而对其他政治势力的态度不闻不问。殊不知，没有永远不倒的靠山，像楚悼王这样地位的人，你将他作为一个孤注，将一切成功的希望都寄托在他一个人身上，有朝一日，他两眼一闭，呜呼哀哉了，你该怎么办呢？

　　找靠山也需要一种平衡艺术，既要左顾右盼，照顾到方方面面的利益，又要瞻前顾后，考虑到事情的前因后果。不能只在一棵树上吊死，也不能一条道走到黑。

　　秦国时，吴起的悲剧又在商鞅的身上重演了。

　　商鞅在秦国实行变法之初，反对者数以千计，连太子也不当回事，一再犯法。商鞅说："变法的法令之所以不能贯彻执行，是由于上层有人故意反抗。"便想拿太子开刀，绳之以法。

可是太子是国君的接班人，是不能施刑的，结果便拿太子的老师公子虔和公孙贾当替罪羊，他们一个被割掉了鼻子，一个脸上被刺了字。当时商鞅甚得秦孝公的宠信，权势极盛，太子拿他也无可奈何。

商鞅的变法取得了巨大的成功，经过十几年的发展，秦国的国力得到极大的充实，武力得到极大的增强，由一个西部的边陲小国一跃而成为七雄之首，秦国最后之所以能够统一中国，便是由商鞅奠定的基础。

然而，正当商鞅的权势如日中天之时，秦孝公死了，太子即位，他就是秦惠文王。他一上台，他的老师、那个被割掉了鼻子的公子虔便出面告发，说商鞅想要谋反。秦惠文王下了逮捕令，商鞅匆匆逃离咸阳，当他来到潼关附近想要投宿时，旅店的主人拒绝收留他，说道："根据商君的法令，留宿没有证件的客人是要进监狱的！"

商鞅走投无路，被收捕，车裂（即五马分尸）于咸阳街头，家人也被族灭。

常言道，人无远虑，必有近忧。商鞅其人，作为一个改革家，在政治上是极具远见的，他的变法政策，为秦孝公以后几代秦国的国君所信守，秦国因之而强大。

但他长于谋国，拙于"靠"道，却没有想到，宠信他的秦孝公不可能陪他一辈子，未来的天下毕竟还是太子的，这样的人怎么可以得罪呢？就像一个老于棋道的棋手一样，当你走出第一步棋之后，还要想到第二步、第三步如何走，走一看二眼观三，这样你才能在瞬息万变的政治舞台上，始终立于不败之地。

而商鞅却把自己的命运、新法的命运全寄托在秦孝公一人身上，而没有给自己留下抽身退步之地。在改革大业上他是一个英雄，在官场上，他却是个失败者。

要想在社会上立于不败之地，就不能只顾一人，不及其余，他日靠山一倒，则墙倒众人推，自己必然会遭到众人攻击，致使身陷险境，自己的事业也废止了。

不可把自己的事业维系在一个人身上，这样风险太大。要想大厦牢固，必须深扎根基；要想事业常青，必须培养种子。做事情要把上下都看清楚，上面要找好靠山，防止一棵树上吊死；下面要培养好自己的接班人，使事业后继有人。

曾国藩之所以保持不败，主要在于他在权力交接上下了功夫，培养出了追随者李鸿章。平定太平天国后，朝廷要求他裁撤湘军，他及时把力量转交给了李鸿章的淮军，使自己的事业后继有人。

▌及时调整策略，适应规则

晏子被派去治理东阿，三年后，齐景公把他召回，狠狠责备一番："我原以为你能力很强，才放心将东阿交给你治理，没想到你搞得一塌糊涂，我非重重处罚你不可。"

晏子说："请再给我三年时间。我会彻底改变方式来治理，到时候如果还不行，我愿意被处死。"

齐景公答应了晏子的请求。结果才经过一年时间，年末政绩考核时，齐景公一听晏子回都城来述职，就马上亲自去迎接："了不起，了不起。你果然没骗我，这一年的政绩真是好极了。"

晏子说："以前我治理东阿时，禁绝一切关税贿赂，天然的鱼盐之利都开放给贫民，东阿的百姓没有一个挨饿受冻，却被您责罚；这一年来我换了个方式，关税贿赂一概接受，鱼盐之利完全由权贵之家垄断，从税收中拿一部分钱打点您身边的亲信大臣，东阿现在有一半的人民正在挨饿受冻，我反倒受到称赞。请允许我退休，把职位交给比我能干、有办法的人吧！"

齐景公一听，赶快向晏子谢罪："我知道自己错了，请你继续帮我治理东阿吧！今后我绝不会再听信谗言，干涉你的治理了。"

晏子工作有成绩，得到百姓的拥护，但齐景公看不见也是徒劳。而他转变工作思路后，齐景公总算满意了，但百姓的利益受损了，百姓的呼声也传达不上去。这就是评价机制出了问题。但晏子没有抱怨，他及时调整策略去适应规则，先保证自己在这种规则下活下来，再找机会让齐景公真正了解自己，并肯定自己的成绩。

有的人习惯于埋头苦干，不善走上层路线，工作得不到肯定，升迁也总是比别人慢半拍，比如飞将军李广就是这样。王勃写下"冯唐易老，李广难封"的名句，抒发的正是这种愤懑。

李广不善言辞，爱兵如子，常把自己得到的赏赐分给部下，与士兵同吃同饮。他凡事能身先士卒，行军遇到缺水断食之时，士兵不全部喝到水，他不近水边，士兵不全部吃到食物，他不尝饭食。对士兵宽缓不苛，这就使得士兵甘愿为他效力。可以说，他的群众基础是很好的，但他不善于表现，沟通能力不行。用司马迁的话讲，李广"悛悛如鄙人，口不能道辞"，也就是说李广这个人老实厚道像个乡下人，不善言辞，是个闷葫芦。

所以李广在北征匈奴的行动中总是担任侧翼或后军，没有当过主力。汉武帝先后任用的李广利、卫青、霍去病等主帅，都是皇亲国戚。李广利能力平庸，损兵折将无数，却不会受到处罚。而李广以侧翼深入大漠，迷路，因失期之罪受罚，不堪受辱自杀。

作为一个管理者，不仅要做好本职工作，获得良好的群众基础，还要善于向上汇报，做到下情上达。

▌选好接班人

诸葛亮智慧过人，但为什么失败了？这固然有当时复杂的政治、经济和军事等方面的因素，但他本人培养人才不力肯定是主要原因之一。

在他用兵点将的时候，我们一般很难看到核心团队成员的决策参与，更多是诸葛亮个人智慧的专断，这种习惯导致了后来蜀汉政权内部对诸葛亮的绝对依赖，广大谋臣及将领缺乏决策的实际锻炼。后来他身居丞相高位，工作多亲力亲为，没有着手为蜀汉政权造就和培养后续人才，以致造成后来"蜀中无大将，廖化充先锋"的局面。他最后选定姜维做接班人，也主要还是让姜维担任大事，对姜维如何定战略、如何处理内政尤其是处理与朝廷集团的关系等方面缺乏悉心培养指导。

他这种做法，连他的对手司马懿也看出了问题，说孔明"食少事烦，其能久乎"，每次吃得那么少，事务繁杂又事必躬亲，肯定活不长了。果然不久诸葛亮就积劳成疾，过早离开了人世。

对于决策者来说，除了需要敏锐的洞察力和准确的判断力外，培养人才，选好接替自己的人，恐怕是最重要的任务了。

选接班人还要注意很多问题，比如要善于分析人的心理。一般来说，接班人都是当权者的满意人选，前者当然对后者充满感激，但如果接班人等得太久，就要小心他由期待变成怨恨了。

南宋孝宗年间，赵惇被立为太子，他表面上对宋孝宗毕恭毕敬，其实内心并非真的谦恭，不过是为了保住储君之位而被迫做出来的表面文章。这样的表面文章做得久了，难免会心生厌烦。过了四十岁以后，赵惇已经当了十几年的太子，便开始有意无意地暗示宋孝宗早日传位。有一天，赵惇故意对宋孝宗说："我的胡须已经开始白了，有人特地给我送来了染胡须的药，不过我没有用。"这弦外之音就是你儿子都已经一把白胡子了，该过过当皇帝的瘾了。宋孝宗自然明白儿子的心意，却故作不明白，严肃地回答道："白胡须有什么不好？刚好可以向天下显示你的老成。"

赵惇碰了钉子后，不敢再公然试探，转而讨好太皇太后吴氏（宋高宗皇后），想靠太皇太后的力量来取得皇位。吴氏也明白赵惇的心意，曾经向宋孝宗暗示过，但宋孝宗却说太子还需要历练。这一系列的事件，在赵惇心中留下重重的阴影，充满了对父亲的怨恨。

一直到淳熙十六年（1189），宋孝宗因为要为宋高宗服丧，才主动禅位给太子赵惇。四十三岁的赵惇终于盼到了朝思暮想的皇位。但成功来得太迟，满足感就大打折扣了。

人都是眷恋权位的，谁不想永远风光？有的当权者，不愿看到接班人上台后自己门前冷落的场面，便在选择接班人上下尽功夫。比如，故意不选有能力的，只选听话的。这样的结果就是武大郎开店——高者不用，大好局面只能越来越萎缩。

一份事业能否延续，与能不能选好接班人有着莫大的关联。选得好则这份事业会发扬光大，选得不好这份事业就会衰败下去，必须慎之又慎。

■ 难办的事，思考清楚再办

北宋时候，张咏在益州做知府。有一次百姓向他控告王继恩帐下的士兵仗势欺人，勒取民间财物，还伤及人命。那个士兵知道后，用一根长绳从城墙上翻出城，逃跑了。

张咏派衙役前去追捕。临行前，他告诫衙役说："你把他捉拿住之后，不要打他，也不要伤他，只要找到一个深井，将他衣冠整齐地推进井里，然后来报告我，就说此人逃走后投井自杀了。"

当时官军中正议论纷纷，气势汹汹要借机闹事，听说那个士兵自己投井而死，也就没有别的话说。

张咏这样处理，可谓巧妙至极。因为当地驻军的犯法逃兵，既不能公开斩杀，也不能捉回来，捉回来就可能成为激起兵变的导火线。

只有这样处理，才能既惩办了凶手，又避免了与当地驻军主帅王继恩不和的恶名。可谓是软刀子杀人的绝妙注脚。

明英宗天顺年间，宫廷中爱好珍玩成风。太监出主意说，三十年前宣宗宣德年间，曾派遣三宝太监出使西洋，获得无数珍宝奇玩。皇帝就命令太监到兵部去，查找三宝到西洋的海上路线。

当时刘大夏为兵部侍郎，兵部尚书项忠命令掌管文书的都吏去翻检过去的数据，刘大夏先将那份资料搜检出来，偷偷藏好。都吏查了半天查不到。

项忠又命令其他官吏去查，并且质问都吏说："部里的公文怎么会弄丢了呢？"刘大夏笑着拉过尚书，对他说："当年下西洋，花费了许多的钱财、粮食，军民死亡数以万计，这是当时的弊政，即使那些公文还在，尚且应当销毁，以除掉病根，为什么还去追究它的有无呢？"

尚书项忠一听，面色严峻，一再给刘大夏作揖致谢，指着自己的椅子说："刘公这样通达国家事体，这个位置不久后就属于你了。"

再看看东晋桓温的例子。桓温是东晋的重臣，握有重兵，曾三次北伐，确有功绩。他的野心不小，想要篡位称帝。公元371年，桓温废黜晋帝司马奕，另立司马昱为帝，就是晋简文帝。

第二年，简文帝病重，临死前留下遗诏，让太子司马曜继位。桓温本以为简文帝会将帝位让给自己，听到这个消息十分失望，一怒之下领兵进入建康。

桓温进京后发觉世族大臣对自己不服，一时倒也不敢轻举妄动，经过再三思虑，决定将称帝之事循序进行。

他上表朝廷，要求加九锡（象征国家政权的九种器物）。这事非同小可，是禅让的前奏。

吏部尚书谢安见桓温年老多病，便故意拖延办理，他叫吏部郎袁宏起草朝廷加九锡的诏书。袁宏写好后，兴冲冲地拿给谢安，谢安拿过来，说："先放我这儿吧。"然后把袁宏打发走了。

过了两天，谢安把袁宏叫来，把阅后的诏书草稿递给他。袁宏一看，上面改了几个字。于是回去，重新誊写。

然后，又拿给谢安看。谢安看了两天，又在上面改了几个字。如是往复，十多天过去了。袁宏看出来了，谢安这是成心的。

九个月以后，不可一世的桓温终于去世。一场危机就这样被拖过去了。

生活中常常会碰到很多难办的事，尤其是得罪人的事。比如别人托付的事，办吧，违反原则；不办吧，面子上过不去，左右为难。这样的事不妨拖延一下，或者找个理由推托过去，不了了之。

▌志不可满，乐不可极

意志，是人们为了实现预定的目的而自觉努力的一种心理过程。它有两个特征：一是目的性，使人自觉地为实现既定目的而进行一系列活动；二是坚持性，使人在实现目的的整个过程中，能够自觉排除自身情绪的干扰，克服外部困难的阻力，而坚持不懈地努力。一个人如果没有意志的保证，将会一事无成。

东晋将军陶侃在广州任刺史时，没有重大的公务，每天总是在早晨搬运一百块砖放在书房外面，傍晚又把一百块砖搬回书房内。有人问他这样做是什么缘故，陶侃回答说："我正在努力收复中原失地，生活过得太优裕、太安逸，恐怕将来不能肩负重担。"

在饮酒上，陶侃也严格要求自己，定下限量。但别人总觉得不能尽兴，就劝他再喝一点。他说："我年轻时大醉过一次，母亲很难过，劝我定量饮酒，所以有了这个酒约。现在老人已过世，我怎么忍心违约，让她老人家在九泉之下不安呢？"在他的带动下，部下都很节制，士兵也勤于训练，这在无形中提高了军队的战斗力。

《礼记·曲礼》中有这样几句话："傲不可长，欲不可纵，志不可满，乐不可极。"傲慢的习气不可以滋长，个人的欲求不能放纵，奋斗目标任何时候都不能认为满足，享乐不应失去控制。这段话告诫人们做事时要把握好度，尤其不能滋长骄傲自满情绪。不能忽视对人才意志的培养，要养成谦抑的品质和精神。

一、傲不可长

恃才傲物是一个人意志脆弱的表现，是一个人不成熟的标志。它将摧毁一个人进取的心理基础，涣散艰苦创业的斗志，消除良好的人际关系等外部条件，最终必将导致沉沦和失败。中国著名的寓言故事"龟兔赛跑"即是一例，兔子自恃跑得快，漫不经心，长睡不起，结果自取失败；而乌龟却深有自知之明，知己跑得慢，抓紧时间，坚持不懈，取得胜利。在社会上，在人生中，也如这种赛跑一样，它既是体力之赛、技能之赛，更是意志之赛、毅力之赛、心理素质之赛。要想取得人生之战的胜利，单纯依靠健壮的体魄、高超的技能还不行，还必须具备坚强的意志，因为它们都是进取的必要条件；不仅要善于克服艰难困苦，还要善于克服骄傲自满的情绪，因为它们是坚强意志不可分割的两个方面。因此，作为一个领导者，不仅要善于在困苦的时候激励部属斗志；尤其重要的是，还要在取得某一阶段胜利的时候教育部属戒骄戒躁，总结不足，以求更大胜利。

二、欲不可纵

人有"七情六欲"是正常的。但是也要知道，情欲如果不加节制，就是洪水野兽。传说，商朝贤臣箕子看到纣王开始用象牙筷子吃饭，非常不安，认为商朝将要衰落。箕子说，大王现在用了象牙筷子，将来一定还要把杯子也换成玉杯与之搭配；用了玉杯，将来一定会追求精美的食物与餐具相配，这样下去，大王的生活一定越来越奢侈，国家将就此衰落。

这种预言看似有点危言耸听，其实在今天屡见不鲜。例如，有人送了一只高档的手表，如果要戴上，就要配以相应的衬衫、西装、皮带、皮鞋、领带……欲求的扩张从此开始。

两百年前，法国哲学家狄德罗也发现了这个规律。有人送了他一件好看的睡袍，为了和新睡袍相称，他换掉了家具，然后发现地毯和家具不配，又换了地毯。最后他醒悟过来，写了一篇文章来讨论这种消费欲望。后人就把这种现象称为"狄德罗效应"。

其实我国的箕子比狄德罗早三千年发现这个规律，应该叫它"箕子效应"或者"象牙筷子效应"才对。

三、志不可满

志不可满，是指小有成功，不可就此满足，而应继续进取。人的生命有限，而事业无限。即使在有限的生命中，也应再接再厉，不断奋斗，积小胜为大胜，积小成为大成，才能使志向不断光大，使生命更有意义。而且，即使是在某一项事业的过程中，也必须通过步步努力，节节胜利，才能取得成功，如果仅仅满足于一步之进、一节之胜，则必无大志，更不可能取得最终成功。据此，领导者在培养部属意志时，必须注意做好三个方面的教育。

一是必须教育部属"立志欲坚不欲锐"。即培养不屈不挠的精神和坚韧不拔的意志。任何事业的成功，特别是伟大事业的成功，绝非轻而易举。即使在其过程中取得一步之胜，也绝不意味着以后的步步之胜，恰恰相反，"入之愈深，其进愈难"，胜利越往后越是得之不易。所以，无论是胜是败，都是对人的意志的考验，若是胜而不满，败而不衰，则必能取得最后胜利。在这里最忌锐而不坚，脆而不韧，顺利时，勇如虎；困难时，怯如鼠，甚至企图不经努力而侥幸取胜，不经奋斗而一步登天。要有一股韧劲，恰如清代郑板桥所述："咬定青山不放松，立根原在破岩中。千磨万击还坚劲，任尔东西南北风。"

二是必须教育部属慎终如始，坚持如一。"行百里者半九十""为山九仞，功亏一篑"。因此，"坚持就是胜利"就显得很富哲理，否则"虽有天下易生之物也，一日曝之，十日寒之，未有能生者也"。

三是必须培养忧患意识。忧患意识是一种心理素质，其内容是主体经常从客观环境中体验到危机或挑战的心理习性。这种意识，能促使主体通过对客观环境中蕴含的危机和挑战因素的清醒认识，从而在心理上经常保持应急状态，激发出迎接挑战的内在动力。忧患意识同悲观主义不同，悲观主义是一种消极的心理状态，是被困难吓倒、对前途表示怀疑和失去信心的思想和情绪。而忧患意识是建立在对困难和事物科学认识基础上的自信，是一种乐观、积极、向上的心理素质。培养忧患意识，必须经常引导部属分析本单位所处劣势，分析事业上的困难和可能产生的前景不容乐观，以增强其奋力进取的紧迫感；经常宣传事业的竞争，实质上是人的能力的竞争，在事业的发展中停顿、满足、懒惰，甚至稍有疏忽都有可能被淘汰。

四、乐不可极

享乐不可过分，否则会陷入物质主义和感官主义陷阱，让人心生懒惰，不思进取。在繁华的世界中，我们常常被那些外在的物质所迷惑，追求物质的满足感，却忽视了生活的本质。正如一句古语所说："广厦千间，夜眠仅需六尺；家财万贯，日食不过三餐。"这是对生活的深刻洞察，也是我们追求幸福的指引。不要把所有的幸福都寄托在物质上，而是要关注我们的内心世界和人际关系。享乐过度就容易忘乎所以，招来祸患，乐极生悲。谨慎和节制永远是安身立命的两大法宝。

■ 时刻不忘反省

战国的邹忌相貌堂堂，颇为自得。然而，他总觉得自己与美男子徐公比起来稍逊一筹。于是他分别询问自己的妻、妾和来访的客人，想从别人那里得到客观评价。然而他得到的答案却惊人的一致：他就是天下第一的美男子。

邹忌当时确实高兴了一阵子，但很快冷静下来，反思事情的原因。他发现，由于他的妻子爱他，他的妾怕他，他的客人有求于他，他们都没有说真话。所以，发现真理并不是一件容易的事，我们很可能活在假象里，却不自知。

中国人有一个很好的传统，那就是"三省吾身"。我们都知道，曾国藩有记日记的习惯，他在日记里每天反省自身的毛病，一点一点地打磨自己，对自己毫不留情。最后他的形象是：性格厚重，富于耐性，有大人气象。

但是，年轻时的曾国藩可不是这样的。

曾国藩年轻时性格外向，坐不住，爱交朋友，爱串门。年轻人嘛，这都正常。他还有一个爱好，就是爱看杀人。曾国藩住在城南菜市口附近，清代的时候那里是刑场。所以曾国藩隔三岔五，就和朋友们一起去看杀人。看杀人虽不算多大过错，但圣贤有言"君子远庖厨"，更何况看杀人呢？这肯定不算什么好习惯吧。

曾国藩还说自己年轻时为人傲慢，修养不好。他是同学中唯一的进士，又点了翰林，因此难免觉得自己很了不起。到北京的头几年经常跟人发生冲突，有一次他跟一个同乡——刑部主事郑小珊，因为某事意见不一致吵起来了，隔着桌子就要动手，被大家拉开后，还彼此指着对方的鼻子破口大骂。

他还有个毛病是"虚伪"。当然这种"虚伪"不是指他多么大奸大恶，而是指他跟普通人一样，在社交场合容易顺情说好话，而且喜欢夸夸其谈，不懂装懂。

曾国藩在三十岁这年把自己的人生目标定位为"圣人"。"不为圣贤，便为禽兽"，也就是说，我只有一个选择，或者做一个浑浑噩噩的人，或者做一个圣人，没有中间道路可选。

道光二十二年（1842），曾国藩在写给弟弟的信中说，他已经立定了终身之志。他说：

"君子之立志也，有民胞物与之量，有内圣外王之业，而后不忝于父母之生，不愧为天地之完人。"

这就是他为自己立定的终身之志。他认为，这一目标实现了，其他目标自然而然就能达到。

曾国藩真不愧是既好学又有毅力的人，他此后一生都记日记来反省自己人生的得失，只中断过很短的一段时间，一直到临终的前一天，就毅力而言，绝非常人能比。我们现在看到的他在日记里对自己各种缺点的记载，也就是这种方法的体现。

比如，曾国藩下棋花了三四个小时，他就责备自己"禽兽不如"，居然浪费这么多时间在消遣玩乐上，是对道德品行极大的放纵。

曾国藩认为自己还有一大缺点，必须改过，那就是"好色"，爱看美女。比如有一次他在朋友家看到主妇，"注视数次，大无礼"，他回家就立刻记下来，痛切自责一番。

今天看来，这似乎有点儿可笑。血气方刚的他，见到美女自然会多看几眼。这不过是正常的本能反应，然而曾国藩认为这是一个严重问题。

曾国藩把这个习惯坚持了一生。后来离开北京，在外带兵，他就把自己的日记定期抄写，送回老家，给兄弟子侄们看。一是为他们做一个榜样，二是让他们监督自己。就这样，通过记日记的方式，曾国藩的气质、习惯一天天地发生着变化。

凡做大事的人，都有一种与自己过不去的精神。黑格尔辩证法的核心就是"自否定"，自己必须敢于否定自己，批判自己，才能真正进步。

▋ 本章小结

封官不可一步到位，要让下属永远有努力的动力。

真正的智者没有人理解，群众的眼睛未必雪亮。善于谋事者都懂得：宁与人共醉，不要我独醒。

不可把自己的事业维系在一个人身上，这样风险太大。

及时调整策略去适应规则，先保证自己在这种规则下活下来，再找机会让领导真正了解自己，并肯定自己的成绩。

一份事业能否延续，与能不能选好接班人有着莫大的关联。

难办的事，不妨暗中拖延。

第六辑

破局变通的逆向思维

▌外圆内方，善于妥协

曾国藩考中进士、在京做官的那些年，因性格愚直，不善处理人际关系，在咸丰皇帝登基的头几年，在职场上得罪了很多人。

首先，他把最大的领导咸丰皇帝得罪了，因为咸丰皇帝登基之后不久，曾国藩写了道奏折叫《敬陈圣德三端预防流弊疏》，翻译过来就是，"皇上，我给你指出你性格当中有三个致命的缺点"。一听这名字就知道曾国藩不会当官，他给领导提意见提得太直。

其次，他还给皇帝上奏折，说现在满朝当中没有人才，所有的高级大臣都不对皇帝负责，没有人指出朝政存在哪些严重的问题。这样一来又把朝中的同僚得罪了，所以朝中高级大臣见到曾国藩都不跟他打招呼，比如参加人家孩子婚礼，他看到有一桌有空位就坐下，结果他一坐下，这一桌的人全站起来到别的桌去了。他在京城非常受冷落。

后来在北京待得很无聊，正好他母亲去世了，他就回到老家，再后来又跑到长沙创办湘军。回到湖南官场，他又把湖南的大小官员全得罪了，湖南所有的官员都抱团欺负他。他创办湘军的时候得不到各种资源，湘军创建成了之后，曾国藩带领湘军到江西打仗，结果江西所有官员也抱团欺负他。

　　从咸丰元年（1851）一直到咸丰七年（1857），曾国藩在官场是非常痛苦的，受中央到地方所有官员的排挤。到了咸丰七年，由于各种原因，曾国藩又被罢官，当然这个罢官不是表面上的罢官，是咸丰皇帝让他在家给父亲守孝三年，剥夺了他的兵权，这对曾国藩是一个非常沉重的打击。曾国藩那年四十六岁，得了失眠症，在精神上非常痛苦。有一个叫曹静初的中医来给他看病，给曾国藩把一把脉，说"岐黄之术可医身病，黄老可医心病"，这个病不是身上的病，是心里的病，吃中药只能治身上的病，心病需要读黄老之术、读《道德经》。于是曾国藩就开始一遍一遍地读《道德经》，一边读一边反思自己做官这么多年的经历。后来曾国藩就想明白了，官场排挤他，一方面，有湘军体制上跟官场不吻合的原因；另一方面，最主要的是曾国藩的个性。曾国藩从青年时代就要学做圣人，各方面都对自己要求非常严格，也确实忠心耿耿为大清王朝服务，心态上容易以圣贤自居。用圣贤的标准去衡量别人，自然认为别人都是小人，对待别人有一种居高临下的道德优越感。此外，他办事的手段都很简单粗暴，我是朝廷大员，我到了湖南地方，我要求你配合我，某年某月你必须给我提供什么东西，不给我提供就把你汇报到皇帝那儿去。这种办事方式跟地方官场的作风是完全不一样的，所以就受到各级官员的联合排挤。

　　读了《道德经》后，曾国藩认识到自己的问题在于做事太刚直、太强硬，所以他就开始结合《道德经》反思自己做官的方法。到了咸丰八年（1858），他再次出山，就完全变了一个人，在官场上见到任何人都非常客气，主动向对方请教，要求对方指出自己为人处世有哪些问题，多提建议。求人办事，先请人吃饭，吃饭不好使就送一点钱，或者替对方在湘军里安排一个亲信，打仗的时候这个亲信即使没参加，也会汇报他立了什么战功……这样他在官场上马上就如鱼得水，各方面的官员马上给他提供各种资源，帮助他顺利地平定太平天国。所以，曾国藩在中年时代、四十六七岁时，对自己做了一个非常大的调整。

　　不管在官场、商场上，还是在企业、社会中，在不违反自己大原则的情况下，应该学会能屈能伸，或者说适当让步。适当地让步，为别人让步，也是为自己让步，走向未来的道路会更加顺畅。

　　一开始曾国藩想得比较单纯，他想向中国社会几千年积累下来的潜规则挑战，后来他发现这个挑战是不可能成功的。要想办成事，就要适度地妥协和退让。但是曾国藩也会注意这个妥协、退让的度，所以终其一生，他把握的度就是要做到外圆而内方，他内心很多原则是从来没有动摇的，只不过他做事的方法发生了改变。比如，在经济上，他学会给别人送钱，在办事方面，有时候不得不去行贿。但是他把握住了一条，一生从来没把一文公款用于个人消费，所以他骨子里实际上是一个清官。这在当时是非常罕见的，要做到这一点也是非常不容易的。

曾国藩学会了"外圆内方"，内心有原则和目标，但在现实中要懂得妥协。

▌开辟人生的第二战场

范蠡在功成名就之后，急流勇退，表现了他的人生智慧。灭掉吴国之后的庆功宴上独少范蠡，原来他隐姓埋名，跑到齐国去了。临行前他给另一个功臣文种写了一封信说：高鸟已散，良弓将藏；狡兔已尽，良犬就烹。越王只能共患难，不能共享乐。文种没有看透勾践，没听范蠡的劝告，结果被勾践杀害。

范蠡的可贵之处，在于他摆脱勾践后，没有享受清闲，而是开始了第二次创业。他首先到齐国务农。《史记·越王勾践世家》记载：到齐国后，范蠡变更姓名，自谓鸱夷子皮。带领全家人，"耕于海畔，苦身戮力，父子治产。居无几何，致产数十万"。范蠡究竟干了什么而迅速致富？

根据以上记载，首先是种庄稼，但海边土质不会太好，估计范蠡除了种植外，还经营其他产业。比如，利用海上资源晒盐和捕捞海产品。还可能经营其他副业，包括养殖业。

值得一提的是，齐王得知范蠡在齐，曾请他到朝廷任相，范蠡起初答应，但到任时间不长就辞职离去。他认为"居家则致千金，居官则至卿相，此布衣之极也。久受尊名，不祥"。乃归相印。

后来范蠡到陶（今山东肥城），当时陶地交通便利，为天下之中，士农工商贾五方杂处。范蠡到陶改名朱公，人称"陶朱公"。范蠡在陶，将全部精力投入商业经营上，充分展示了他的才华和智慧。

晚清状元张謇也是一个善于变通的人，在延续了一千多年的科举制度走到穷途末路的时候，他勇敢地转型。

张謇出生在江苏南通一个富裕农家，经过26年科场蹉跎，43岁时考中状元。当时正值甲午战败，张謇痛定思痛，深感中国当务之急，就是要大力发展实业，以求民富国强，从而发出了近代中国最响亮的"实业救国"的呼吁，并义无反顾地身体力行。

他为将要开办的纱厂取名"大生"，语出《易经》之"天地之大德曰生"，"富民""强国"成为他克服内心世界矛盾的根据，使之获得了道德和理性的力量。

1899年4月14日，大生纱厂在一片嘲笑声中开工生产，纺出了第一缕棉纱。从此，张謇吟诗作赋的闲情逸致被四处奔波的营销公关所取代。看到洁白的棉纱从机器中绵延吐出，张謇感到就像自己文思泉涌，激动得热泪盈眶。看热闹的人感到奇怪，了解内情的人却不觉得意外。他们知道，为了纱厂，前后5年间，张謇不知吃了多少苦，受了多少磨难。

此后，大生一路高歌猛进，不断进行资本扩张。到1922年张謇70岁时，大生集团4个纺织厂，资本已达900万两白银，有纱锭15.5万枚，占全国民族资本纱锭总数的7%。它又扩大产业链，经营冶铁、榨油、盐业、铅笔公司、轮船、渔业、出版印刷等业务，资本额达 2400 万两白银，成为中国东南沿海实力最雄厚的民族资本集团。

在发展实业的同时，张謇又努力兴办新式学堂。1903 年，张謇创办了全国第一所民办师范学校——通州师范学校，随后，他又创办了通州女子师范学校、师范附属小学、南通私立甲种商业学校、私立南通医学专门学校、南通农业专门学校、南通纺织专门学校、南通狼山盲哑学校。1920 年，创办南通大学。

此时张謇的个人职业生涯进入鼎盛期，他身兼南通实业、纺织、盐垦总管理处经理，大生纺织公司董事长，通海、新南、华新、新都盐垦公司董事长，大达轮船公司经理，南通电厂筹备主任，淮海银行董事长，交通银行经理，中国银行董事等职。

张謇生在内忧外患的清朝末年，中国正面临几千年未有之变局。生活在这个时代，张謇这种"以天下为己任"的知识分子，非常想为国家做些实实在在的事，而不是做一个四平八稳的官僚，安心吃着俸禄。他想给自己的人生开拓新的境界，挑战自己的潜能。他用一生证明了这件事——他这个末代状元，不仅是传统社会里的佼佼者，还是新式社会的开拓者。

张謇的故事给人的启示是，人要善于在坏局里开出新路，避免人生陷入垃圾时间。

▌曲而不挠，等待属于自己的机会

在秦始皇焚书坑儒事件中，大儒叔孙通凭借着聪明智慧，逃过了这场劫难。

陈胜、吴广起义后，天下陷入战乱。秦二世召集儒生商讨计策，儒生们都说当发兵征讨，只有叔孙通见秦二世怒形于色，故作轻松地说，那不过是一些鸡鸣狗盗之徒，没有人造反，不足为虑。秦二世听后很高兴，认为叔孙通的话对，马上提拔叔孙通做了博士，还赏给他20匹绸缎和一套新衣服，而将那些说了真话的儒生统统关押下监。当时那些人都骂叔孙通是"阿二世"，就是阿谀奉承秦二世的意思。叔孙通面对责问，只是说，不如此，几不脱虎口矣。叔孙通讲完这些话就溜走了，他是个聪明人，知道秦二世这个政权已经没有希望了。

叔孙通逃离咸阳，先是投靠项梁、项羽。楚汉相争，项羽显露败绩后，叔孙通转而投靠刘邦。

第一次去见刘邦，叔孙通峨冠博带，十足的儒生打扮。刘邦出身行伍，向来重武轻文，不喜欢甚至讨厌儒生，心中便觉不快。精明的叔孙通立即明白了，以后再见刘邦时就换成短装，一副刘邦家乡人的打扮。刘邦看得顺眼，心中对他就有了几分好感。此时的叔孙通，只向刘邦推荐一些绿林好汉、行侠壮士，却不举荐自己的弟子。后来，刘邦见他很聪明，就拜他为博士。

刘邦称帝后废秦礼，致使朝廷礼仪粗鲁混乱，他感到很难过。叔孙通及时捕捉到刘邦这个心思，就说："儒者难与进取，可与守成。"为其制定朝仪，一改群臣在宫殿上的粗野行径，使刘邦真正体验到做天子的威风——"吾乃今日知为皇帝之贵也"，封叔孙通为太常，赐金。叔孙通看到刘邦尝到了兴文建制的好处，开始对文人感兴趣，便不失时机地向他推荐追随自己多年的那些弟子，被弟子们誉为"诚圣人也，知当世之要务"。叔孙通以后又迁升太子太傅，制定了宗庙的仪法。叔孙通成为汉世儒宗。

有些人认为叔孙通是阿谀逢迎，见风使舵。当然，他没有屈原那么刚直，但是屈原的死对当时的昏暗政治毫无匡救之功。平心而论，叔孙通比屈原更善于战斗。

叔孙通懂得保存实力，待机而动，他并没有抛弃儒者本色和自己的信念、学识与抱负，当他发现有了"用儒"之地时，就及时发挥自己的主张，奠定了汉朝的礼仪制度，同样也影响了中国历史。

司马迁是这样评价叔孙通的："古之君子，直而不挺，曲而不挠，大直若诎，道同委蛇，盖谓是也。"这是说他既讲原则，也懂得灵活。

孔子内心有原则，但他从来不主张死守。他说："言必信，行必果，硁硁然小人哉。"（《论语·子路》）意思是，说出的话一定要兑现，做事一定要有结果的，是浅薄固执的小人。注意这个"必"字，孔子并不是提倡做人不讲信用，而是说凡事一做到"必"就过于绝对了。孟子说得非常好："大人者，言不必信，行不必果，惟义所在。"

关于孔子的权变，历史上记录了这样两件事。在《荀子·子道篇》中有这样一个故事。鲁哀公问孔子："儿子听从父亲的命令是孝顺吗？臣子听从君王的命令是忠贞吗？"问了三遍，孔子都没有回答，走出宫门后孔子对子贡说："刚才鲁君问的话，你认为对不对？"子贡说："当然对了，子从父命，就是孝顺，臣从君命，就是忠贞，难道老师认为不对吗？"孔子说："子贡你不明白呀，一个万乘的大国有诤臣四人，疆土就不会被割削。一个千乘小国，有诤臣三人，国家就不会有危险。一个有百乘的大夫之家，有诤臣二人，宗庙就不会被毁坏。如果父亲有诤子，就不会做无理之事，士人有诤友，就不会做不合道义之事。所以要弄明白听从的是什么，才可以判断什么是孝顺，什么是忠贞。"

《说苑疏证》记录了曾子的一件事。曾参锄草时，不小心把瓜苗斩断，父亲大怒，拿起大木棒打曾参，曾参没有躲避，被父亲打昏。孔子听到此事后，对曾参说了"小棰则待，大棰则走"一段话："你没有听说过舜是如何对待他父亲的吗？他父亲使唤他时，舜总是不离左右；想要杀他时，舜总是逃得无影无踪。如果你的父亲拿小树枝打你，你就站在那儿，等着父亲教训；如果你的父亲拿个大木棒子打你，你就赶快逃走。如今你挺身而立，以待暴怒，若是真被打死了，你就陷你父亲于不义，你父亲杀了天子子民，又该当何罪？"孔子就是这样一个权变、通达、充满智慧的人。

其实叔孙通并没有违背儒家的精神，他躲避了暴秦的迫害，并适时地复兴了儒家，使儒家参与到政治活动中来，功不可没。他是一位智者。

▌看碟子下菜

看碟子下菜和随机应变是一个道理。但是，看碟子下菜这个表述更形象一些。的确，下什么菜，不能由着自己的主观，得先看看是什么碟子。碟子大，菜少，浪费空间不说，客人看了会觉得主人吝啬，所以看碟子下菜也是一门学问。

"政坛不倒翁"裴矩就是一个非常善于看碟子下菜的高手，甚至是个艺术大师。从《旧唐书·裴矩传》看，裴矩似乎没什么特点，很难说有什么性格，如果真要说有的话，那就是以君王的性格为性格。隋炀帝喜欢声色犬马，爱好新奇刺激，并且有扩张版图、"吞并夷狄"的野心，裴矩就深入西域，广为搜集，撰成《西域图记》三卷呈上。

大业三年（607），当隋炀帝巡游东都时，当时为黄门侍郎、光禄大夫的裴矩就征集四方的珍奇宝物，"作鱼龙曼延角抵"，展览出来向外国人显摆，并且在大街商家广盛美酒佳肴，让来此做生意或旅游的胡人随便吃喝，以示大方。这样浅薄的摆阔当时就为有识之士所笑，看起来也不像裴矩这样腹有诗书的世家子弟的做派，不过这都是次要的，关键是隋炀帝看了龙心大悦，称裴矩"至诚"，这就行了。

裴矩每次上奏，都先摸清隋炀帝的最新动向，所以一奏一个准，说出了隋炀帝想说而没说的话。隋炀帝大为高兴，说："裴矩大识朕意，凡所陈奏，皆朕之成算。朕未发顷，矩辄以闻。自非奉国用心，孰能若是？"这话当然没错，不过倘把"国"字换成"帝"字，那就更对了。

更为难得的是，裴矩在拍隋炀帝马屁的同时，对同僚甚至下属也是客客气气，"每遇人尽礼，虽至胥吏，皆得其欢心"。这就使得他比一般得志便猖狂的小人显得档次高出不少。从伺候隋炀帝这样的暴君都能得以善终来看，裴矩的确不简单。

隋炀帝被宇文化及所杀，裴矩做了宇文化及的尚书右仆射。宇文化及被窦建德打败，裴矩又做了窦建德的尚书右仆射。窦建德出身贫贱，是个不识诗书的大老粗。在这里，裴矩又显出了他的高明之处。见人说人话，见鬼说鬼话，就像《围城》里的三闾大学校长高松年，见到物理学家谈相对论，见到生物学家说进化论，见到当兵的连说"他妈的"，这是容易想到的取巧之道。裴矩在窦建德手下干活，他处处显示自己是个有知识、有才能、懂制度、懂法律的高级"白领"。他为窦建德创定朝仪，制定法律，使这个"泥腿子"政权"宪章颇备"，这对窦建德而言，无异于瞌睡时递上个枕头，当然"大悦，每咨访焉"。裴矩成了窦建德的智囊。

窦建德败后，裴矩归顺了唐朝，先是服侍唐高祖李渊，"甚见推重"。到了开明的李世民登基，这裴矩像是突然间服了强钙壮骨粉，头颈一下子硬了起来，好几次犯颜直谏，说得当然也颇有道理，很像个诤臣模样。

自然，倘以为裴矩的本事只是"投其所好"四个字，那也是皮相。"看碟子下菜"只是第一步，要人家喜欢你的那个菜，还得看你的菜味道好不好，营养怎么样。裴矩的过人之处，就在于他上的菜不但对口味，营养也丰富，这就不是阿谀奉承之辈所能做到的了。他的《西域图记》，固然是为了拍隋炀帝的马屁，但书本身也有相当高的学术价值。他为了写这部著作，在西域调查研究了十几年，对西域的"风俗及山川险易、君长姓族、物产服章"作了详细的记载。

裴矩作为职业官僚，以"晓习故事"著称，能熟练地运作一整套国家机器，唐初百废待兴、官员由征战型向建设型转变之际，十分需要像他这样的人才。他与虞世南一起撰写的《吉凶书仪》，"参按故实，甚合礼度，为学者所称"，这非得有过人的学识不可。他所撰写的《开业平陈记》也很有水平，为时人称赏。而向唐太宗直谏且为其所接受，更是要有胆有识有才。切中时弊，一语中的，并不是光脸红脖子粗就能做到的。

　　裴矩生活在一个政权交替的时代，城头变换大王旗，要想在这种复杂的环境中生存，就要学会做个"变色龙"。由此可见，处世灵活，善于变通对于做局者是非常重要的。人的脑筋死，局往往也就死了。非常现实的一点就是计谋要随着对象的变化而变化，不同的对象有不同的特点，而针对他的计谋并没有高明低下之分，关键看适合与否。适合了就是最灵的，不适合就是失效的。

　　胡雪岩在人们心目中，最大特点就是"官商"，即"红顶商人"。他对付朝廷是很有一套的，因为他深深地参透了中国的现实。对于洋人和洋务，胡雪岩能否游刃有余呢？毕竟洋人大不同于中国人，外国政府也大不同于清朝政府。

　　结果是，胡雪岩并没有沉醉于自己过去的胜利，因循守旧，一意孤行，而是将他的计谋做到了因人因时而异。他因为身处沿海，最先看到洋人的坚船利炮，最先与洋人打交道。在与洋人打交道时，他感受最深的一点就是洋人的政府与清朝政府不一样。这是他得出的非常重要的信息资源。

　　胡雪岩在和洋人打交道时，把信用放在第一位，努力争取洋人的信任。当洋人认识到他是中国少有的讲信誉的商人时，几乎把所有的交易机会都给了他。

　　胡雪岩过人的应变素质，使他在经商的过程中不断感悟，不断升华，他的智慧和商业活动也就能达到炉火纯青的境界。而这一切正是他对人性有深刻认识、善于因人变法的结果。

▌没有东风可造东风

有句老话叫作"万事俱备，只欠东风"，说出了做局者的心病。做局者要相机而动，这里的"机"，指的就是客观形势，意思就是，只有时机成熟了，才能有所行动，有所作为。然而，很多时候，时机总是不成熟，甚至是缺少一两种条件。这时应该怎么办呢？是一直等下去，等到无休止，还是无奈地放弃呢？其实，这种情况下，做局者要善于制造东风，进而成全自己的事业。

西汉的陈汤就是一个敢于当机立断，制造东风的人。

陈汤当时被任命为西域都护府副校尉，与校尉（正职）甘延寿奉命出使西域。当时郅支单于以武力兼并呼偈、坚昆、丁令三国，日益强盛，先囚禁汉朝的使者江乃始，后又杀死使者谷吉。郅支单于自知有负于汉朝，害怕汉朝出兵报复，就向西跑到康居（今新疆北境至俄领中亚）。康居王尊敬郅支，将女儿给他做妻子。郅支便多次借兵袭击邻国乌孙，深入赤谷城（今伊塞克湖东南）杀掠人口，抢夺牲畜财物。乌孙不敢还击，而是远远地逃避，于是郅支拥有千里之远的势力范围，自以为大国之主，很不尊重康居王，竟至一怒之下杀死了康居王的女儿、贵人等数百人，还把一些尸体肢解后扔进都赖水中。同时他又派出使者到阖苏、大宛等国，胁迫他们年年给他进贡。那些小国慑于郅支的淫威，不敢不给。

汉朝也曾三次派出使者到康居，索要使者谷吉等人的尸体，郅支非但不给，还侮辱汉使，以嘲讽的口吻说："居困厄，愿归计强汉，遣子入侍。"（《汉书·傅常郑甘陈段传》）汉使听出他的言外之意，竟有取代皇帝的野心，真是狂妄至极。

陈汤与甘延寿了解了郅支单于的这些情况后，于建昭三年（公元前 36）出兵西域。每当路过城镇或高山大川时，他都登高远望，认真观察、记忆。这次出使西域，只带着一支护卫军队，而不是征讨大军。当他们走出国境时，陈汤便对甘延寿说："郅支单于剽悍残暴，称雄于西域，如果他再发展下去，必定是西域的祸患。现在他居地遥远，没有可以固守的城池，也没有善于使用强弩的将士，如果我们召集起屯田戍边的兵卒，再调用乌孙等国的兵员，直接去攻击郅支，他们守是守不住的，逃跑也没有可藏之处，这正是我们建功立业千载难逢的大好时机啊！"

的确是大好时机！但是却"万事俱备，只欠东风"。东风是什么呢？就是朝廷的圣旨。没有朝廷的授权，他们就不能调动各方力量来成就这个局。

但是，要取得圣旨并不容易，那些朝廷公卿都是些凡庸之辈，不会同意陈汤的做法。甘延寿也主张没有圣旨，就不可以自作主张。

陈汤等了一天又一天，东风总是不来。怎么办呢？难道眼睁睁地放弃这大好的机会？机会失去了就不会再来了。陈汤的心理非常矛盾。

焦急之中，陈汤做出了一个大胆的决定，他要造东风！于是他果断地采取了假传圣旨的措施，调集汉朝屯田之兵及车师国的兵员。甘延寿在病榻上听到这一消息时大吃一惊，想立即制止陈汤这种犯法的举动，陈汤愤怒地手握剑柄，以威胁的口气呵斥甘延寿："大军已经会集而来，你还想阻挡吗？不抓住战机出击，还算什么将领？"甘延寿只好依从他，他便带领各路、各族军兵四万多人，规定了统一的号令，编组了分支队伍序列，大张旗鼓向北进发，最终打败了匈奴，为遇难受辱的汉使报仇雪恨，提高了汉朝在西域各国的威信。

东风不到，事情就办不成，大好机会就会白白浪费，这是非常令人痛心的。而有胆有识的做局者不会消极等待，不会一味抱怨，更不会轻易放弃。他们敢于鼓起勇气去自己制造东风，人为地催促时机的全面成熟，从而取得行动的条件。做局者的策划能力、勇气自信，在这个时候，是要充分地体现出来的。

陈胜、吴广想造反，可是怕人微言轻，没有号召力，于是假借神灵，让众人以为他们是天命所归，大楚必兴，陈胜称王。其实这也是一种成功制造东风的策划活动。在今天的人看来，那是装神弄鬼，但当时的人迷信，装神弄鬼同样能造成很大的影响。

想成大事的人，就要有敢造东风的勇气。现代企业经营管理活动中，竞争的激烈并不亚于古代的刀光剑影，市场是否成熟是企业的经营者采取行动的前提，当只欠东风的时候，企业家们要敢于去制造东风，人为地催化机会。比如为推出产品进行宣传造势，制造消费理念，培育潜在市场，等等。

▌金蝉脱壳，摆脱僵局

"金蝉脱壳"实际上是一种分身计、逃遁计，是一种面临僵局、败局时的反败为胜之法。在危急存亡之际，生死攸关之时，巧妙运用"金蝉脱壳"之计，往往能够化险为夷，绝处逢生。

秦武王做太子的时候，和相国张仪有矛盾。秦武王即位以后，朝中的许多大臣经常在他面前讲张仪的坏话，说张仪是个言而无信、"左右卖国以取容"的骗子。张仪也已觉察到了自己所处的窘境，他为了避免遭到秦武王的诛杀，想了一个既能体面地离开秦国又能使自己安全脱身的计谋。

一天，他拜见秦武王说："我有一个成就王业的计谋，但愿您能予以采纳。"秦武王问他是怎样的计谋，张仪回答说："为了秦国的长远考虑，当东方各国的合纵联盟破裂以后，您就可以因势利导从邻近的国家割得地盘。现在齐王对我恨之入骨，我到了哪个国家他就必定要发兵来攻伐。所以，我请求启程去魏国，我到了那里，齐国必定会攻打魏国。而当齐、魏两国的军队打得难解难分而自顾不暇的时候，您就乘机发兵攻伐赵国，兵入三川。这样，您也就可以不费多大气力而能兵临周天子的城下。周天子的府藏重器也就不得已送给秦国，而您则可趁此挟天子以令诸侯，这对成就秦国一统天下的伟业是很重要的。"

秦武王觉得这个谋略很好，果然让张仪去了魏国。而齐国闻知张仪到达魏国，也的确兴师伐魏了。但张仪已达到了安全离开秦国的目的，于是他通过派自己的门人去楚国，而后又借助楚国的使者到齐国向齐王通告了张仪与秦王的谋略，结果，齐王马上就撤兵回国了。

张仪向秦王献成就霸业之计，这是他做的一个"壳"，用来转移秦王的注意力。而他的真实目的是脱身，离开秦国。

在商战中，采取"金蝉脱壳"乃是一时遭挫，万不得已的权宜之计，只要暂时得以脱身，就不愁没有复出的机会。"留得青山在，不怕没柴烧。"巨人集团的史玉柱就成功地使用了"金蝉脱壳"之计而得以东山再起，迎来了其事业的第二个春天。

巨人集团出现财务危机后，债务巨大，债主盈门。如果仅是简单地苦苦支撑，史玉柱是无法分身重新创业的。于是，史玉柱在珠海留下空壳公司，退至上海另起炉灶，成立上海健特生物科技有限公司。为防原债务人一知道他有钱了就来纠缠，史玉柱只做影子总裁，是一名隐身的"决策顾问"，而且在上海健特的工商注册中不占一点儿股份，为的就是求得一个喘息的机会，以图东山再起。

经过几年的奋战拼搏，在史玉柱的幕后领导下，上海健特开发出保健品"脑白金"，热销全国，赚了许多钱。随后，史玉柱以个人名义从上海健特借了 1 亿多元，偿还在珠海兴建巨人大厦时所欠的债务。史玉柱又把巨人集团在珠海的实物资产，通过各种方式，变现、拍卖、转让等，还清了欠其他企业的债务。

至此，史玉柱还清了所有的法人债务，得到社会各界的认同与赞赏，恢复了商誉，为重新搏击商海扫除了一切障碍。

在激烈的市场竞争中，陷入困境或遇到麻烦是经常的事，问题在于如何摆脱困境。要善于运用"金蝉脱壳"，在形势于己不利时表面上仍保持原来的气势，令对手不敢轻举妄动，而自己却觅良机走出困境，从而做到挫而不折、失而不败。

▌韬光养晦，以屈求伸

中国人向来信奉"人能百忍自无忧""大丈夫能屈能伸"的人生道理，愿意自居谦下，以"满招损，谦受益"作为人生信条。刘邦沛县起兵，实力一直很弱，但他有自知之明，处处忍让，最后终于一统天下。

鸿门宴之忍。本来按楚王约定，先入关者为关中王，刘邦抢先入关了，可是项羽气势汹汹兴师问罪，摆下鸿门宴，更有项庄来舞剑，伺机刺杀刘邦，险象环生，刘邦几近死关，项伯拔剑起舞以身护之，后刘邦身边的谋士张良想出了脱身之计才得以逃脱。试想，如果刘邦此时不忍，而与项羽相抗衡，后果自然不堪设想。

屈就汉王之忍。项羽巨鹿之战一举荡平秦军，成为天下无敌的英雄，他分封诸王，只是给了刘邦一个小小的汉王，所赐封地也贫瘠荒凉，不仅如此，还派了三个秦朝降将带兵牵制刘邦。如按楚王之约，刘邦本为汉中王，现在不但没做成汉中王，而且连封地都变了，于是大怒，要与项羽拼命，在众谋士的劝说下他又忍住了，并且休养生息，后终于成就了大业。如果当时刘邦不忍，而冲动地带兵与项羽交战，胜负可想而知。

封韩信齐王之忍。刘邦在与项羽争夺天下的过程中，争斗进入了决定性时刻，垓下之战一触即发，只凭刘邦自己的力量肯定打不过项羽，于是他派人给韩信、彭越下令，率领所部人马齐聚垓下与刘邦所率人马一道包围项羽。这时，韩信派使者向刘邦请示，要做齐地的假王（"假"是代理的意思）。刘邦想到当前自己正处于艰苦阶段，等韩信派救兵来，他却要当齐王，不由发怒，骂之不绝。这时，身边张良赶忙拉了他一下，向他陈述眼下正值用人之际，不可因此而伤了和气。于是他又马上换了口气："大丈夫领兵打仗，立了大功，做什么假王，要做就做真王！"他马上派张良带着齐王印绶去加封韩信。韩信做了齐王后，带兵直击垓下，与刘邦等军包围了项羽，最终导致项羽失败自刎。刘邦原本大怒，但经人提醒，他又忍了，想到小不忍则乱大谋，眼下胜负未分，以忍为贵，最终取得了决定性胜利。

和亲之忍。刘邦一统天下，做了大汉皇帝，匈奴犯边，他为扬国威，亲率大军北上以拒匈奴。哪知，匈奴不光善战而且计多，设计将刘邦困于白登山，刘邦后用陈平之计才得以脱身。由于实在想不出更好的办法来抑制匈奴，于是刘敬提出了和亲之策，刘邦以为不可行，天朝大邦向番夷部落和亲求和，有失朝威，咽不下这口气。可又打不过，只好用了刘敬之策，从后宫挑了宗室之女，送予匈奴和亲，最终稳住了边疆，使边塞人民免受刀兵之苦。在这件事上刘邦又忍了，起初不同意，可后来听刘敬言之有理，也就应了。以和亲治天下太平，这也不失为高明之策，如果刘邦不忍再怒而兴师，很可能会再次出现白登被困之况。

《周易·系辞下》中说："往者屈也，来者信也，屈信相感而利生焉。尺蠖之屈，以求信也。龙蛇之蛰，以存身也。"大意是生存之道，屈伸交替。软虫的收缩，是为了求得伸展。龙蛇的蛰伏，是为了保全自身。

人的一生当中会遇到很多问题，如果你能忍一忍，并学会控制自己的情绪和磨砺自己的心志，以后碰到更大的问题，自然能忍受，也自然能忍到最好的时机再把问题解决，这样才能成就大事业。

当然，人也要有一身正气，有理时要先据理力争，以正压邪，更不能丧失人格。也就是说，忍也要看忍的对象、范围和程度。

▍兵无常势，水无常形

《孙子兵法》说，"兵形象水"。用兵作战没有定式，正如水没有固定的形状和流向一样，能根据敌情变化而取胜的，才叫作用兵如神。用兵如此，行政也是如此。社会在迅速发展，我们的思想观念、工作思路也要跟着变，这样才能化解遇到的新问题。

战国时期，齐将田单以火牛阵大败燕军，成就了一个经典的战例。唐朝时候，房琯想重演火牛阵，却落得笑柄。

安史之乱后，唐太子李亨逃出长安，在灵武即位，称肃宗。李亨在灵武经过一番努力后，聚集了一些人马，准备反攻，收复长安。这时房琯便趁机献策，毛遂自荐，要求统率大军收复京城。李亨真以为他是个文武全才，就委任他为两京招讨使。房琯随即号令大军分兵三路，会攻长安。

房琯经与亲信幕僚商议后，决定效法古制，以车战对敌。遂将征用来的两千辆牛车排列在中间，两翼用骑兵掩护，浩浩荡荡，向长安进发。一路上烟尘滚滚，旌旗蔽日，杀气腾腾，好不威风。可是，这支老牛拉破车的队伍在对敌作战时，能否发挥其功效呢？除房琯及其幕僚深信不疑外，其余将领无不望而兴叹。

房琯亲自率领中军，并督促北军，进到咸阳北面的陈涛斜，即与叛将安守忠的骑兵相遇。这时，房琯本想先稳住阵脚，调整一下队形，再出阵迎战，谁知道这老牛破车慢慢吞吞，很难调动。这边房琯为调整队形吵吵嚷嚷，越整越乱，急得满头大汗，毫无办法。那边安守忠一看对手竟如此用兵，真是喜出望外，忙令部队迅速转到上风的位置，收集柴草，一面乘风纵火，一面擂鼓呐喊。老黄牛哪里经历过这种阵势，一见烈焰腾空，又听战鼓声响如雷，吓得四处乱跑。安守忠趁势追杀，唐军大败。房琯慌忙令南路军投入战斗。那些老牛同样禁不住人喊马嘶和震耳欲聋的战鼓声，不战自乱，败下阵来。唐军尸横遍野，死伤四万余人。房琯领着几千残败人马向灵武逃去。

他苦思冥想悟出的火牛阵法，就这样被作为笑料录进史册。

前人的经验不是不能用，重要的是能否因时顺势，用得合适。前人的经验是宝贵的，但不能食古不化，否则就像那个刻舟求剑的人，像死守古代作战规则的宋襄公一样，为天下所耻笑。

那么，在今天，社会在不断变化，我们的思想观念、工作思路和工作重点也应跟着变，否则就会出现能力不足、思路不对、方法不当等问题。

■ 善于造势，影响预期

当你面对不利的局势，只要能控制住舆论，影响公众的判断，就能化险为夷。

唐敬宗时，兖州大旱，赤地千里、颗粒无收，村间炊烟稀少、饿殍遍野。米价大涨，有米户囤积居奇，待价而沽。原兖州节度使赈灾不力，朝廷将他革职外调，任命令狐楚来做兖州节度使。

令狐楚上任后，思谋良策，怎样才能让那些囤积居奇的大户售出存米来赈济灾民呢？突然，他想起大户们囤米不外乎是想等粮价越涨越高时抛售赚大钱，若他们得知米价已涨到极限，马上就要下跌，肯定会纷纷抛售。对，自己就制造个"米价马上下跌"的假情报。

主意已定，令狐楚带手下人走马上任。消息早传到兖州，州内大小官员迎出郊外。未及进城，寒暄几句后，令狐楚马上问来迎的官吏，州内米价几何，州中有多少官仓，共存米多少。听完汇报，令狐楚掐指算起来：存米多少多少，可调出多少多少投放市场。多少多少米投放市场后，可将米价压下多少。最后说："看来赈灾救民不成问题了。"他故意说得很大声，让前来迎接的官吏和他们的随从们都能听到。

官吏、随从们回到家，赶忙告诉自己的亲朋好友：新来的节度使要开官仓平米价了，米价马上要下跌，赶快抛售存米！一时间，"米价马上下跌"的消息不胫而走，存米大户纷纷抛米换钱。令狐楚没有开一个官仓，就将米价压下来了。

令狐楚的聪明之处就在于先制造放粮的假象，进而影响舆论，激化市场。舆论在斗争中是非常重要的。因为大多数的公众并不是直接去了解事实真相，很多时候是通过舆论趋势来判断的，所以，掌握了舆论，往往就占据了优势。

王导是东晋政权得以建立和巩固的功臣，历元帝、明帝、成帝三朝，出将入相，官至太傅。

王导不仅有政治远见，还善于理财。

有一个时期，国家的银库空虚了，眼见快没有钱可花了。有关部门十分着急，向王导报告。王导指示他们查看一下仓库，看看有什么值钱的东西可以卖，用来换取钱币。

过了一会儿，管库的官员被找来了，愁眉苦脸地对王导说：仓库里早就没有值钱的东西了，只有许多粗布，数量倒很可观，达几千端（古时以绢四丈为一匹，布六丈为一端）之多；但是这些粗布没人要，卖不出去，已经在仓库里积压好几年了。

王导听后，心想：现在库里只有这些粗布，也只能从这些粗布上想办法，一定要把这些好像已经不值钱的粗布卖出去，让它变成钱，才能渡过眼前的财政危机。

经过一夜的思索后，第二天他找了个裁缝，用库里的粗布做了套合体的衣服。之后就穿着这套粗布衣服上朝，并会见朝廷的其他大臣。大臣们都感到很新奇。接着，他又下令为所有的大臣都用库里的那种粗布做一套衣服，大臣们都穿新做的粗布衣服上朝和参加各种活动。一时间，在京城引起轰动。

上行下效，各个大臣的下属看见上司穿粗布衣服，便竞相模仿，也去市场上买同类的粗布做成新衣，穿戴起来。于是穿这种布料做的衣服，成了时髦之举。平民百姓们也都到处找卖这种布料的地方，大人小孩、男男女女，都以穿这种粗布衣为体面。这就使得布料价格很快上涨，还成为抢手货，很难买到。

这时，王导让有关部门赶快把仓库里常年积压的粗布投放市场，虽然一端布的价格高达一金，超过以往价格好几倍，但没几天，数千端的粗布居然被抢购一空。

人们普遍存在着一种心理，就是"随大溜"，表现最突出的莫过于盲目趋时和效仿名人。在今天，适时迎合人们追慕时尚、崇拜名人的心理，便成为商家重要的促销手段。

■ 先制造矛盾，再由自己解决矛盾

有些弄权者，为了抬高自己的身份，或凸显自己的地位，人为地制造一系列矛盾或问题，这些矛盾和问题对于对方非常重要，最好直接关系到他的身家性命，而这些矛盾和问题离开自己又解决不了。这样，他就必须完全依仗你，你们之间的态势就倒转过来了。为此你要做到以下几个步骤。

第一步，要善于制造"天下大乱"。

宋理宗过世后，宋度宗继位。宋度宗本是宋理宗的皇侄，因过继为子而继位，时年25岁。宋度宗上台之后，曾一度亲理政事，限制大奸臣贾似道的权力，显得干练有为，确实干了几件好事，朝野上下为之一振，觉得宋度宗给他们带来了希望。

贾似道的权力受到了极大的限制，有人上书弹劾贾似道。贾似道觉察到，如果这样下去，自己将会有灭顶之灾。

于是，贾似道精心设计了一个巨大的阴谋。

他先弃官隐居，然后让自己的亲信吕文德从湖北前线假传边报，说忽必烈亲率大军来袭，看样子势不可当，有直取南宋都城临安之势。宋度宗正欲改革弊政，励精图治，没想到当头来了这么一棒。他立刻召集众臣，商量出兵抗击蒙军之事。宋度宗万万没想到，满朝文武竟没有一人能提出一言半语的御兵之策，更不用说为国家慷慨赴任，领兵出征了。这时，贾似道却隐居林下，优哉游哉地过着他的隐居生活。

第二步，自己再出面解决问题。

例如，前线警报传来，数十万蒙古铁骑急攻，要都城筑垒防御，这一切使得宋度宗心惊肉跳，他不得不想起朝廷中唯一一位能抗击蒙军并取得"鄂州大捷"的英雄贾似道。他深深地叹了口气，无可奈何之下，只好以皇太后的面子，请求贾似道出山。谢太后写了手谕，派人恭恭敬敬地送给贾似道。这么一来，贾似道放心了。他可得拿足了架子再说，先是搪塞不出，继而又要宋度宗大封其官。宋度宗无奈，只好给他节度使的官职，尊为太师，加封他为魏国公。这样，贾似道才懒洋洋地出来"为国视事"。

贾似道知道警报是他令人假传的，当然要做出慷慨赴任、万死不辞甚至胸有成竹的样子。他向宋度宗要了节钺仪仗，即日出征，这真令宋度宗感激涕零，也令百官惶愧无地。天子的节钺仪仗一旦出去，就不能返回，除非所奉使命有了结果，这代表了皇帝的尊严。贾似道出征这一天，临安城人山人海，都来看热闹。贾似道为了显示威风，居然借口当日不利于出征，令节钺仪仗返回。这真是大长了贾似道的威风，大灭了宋度宗的志气。贾似道到"前线"逛了一圈，无事而回，宋度宗和朝臣见是一场虚惊，额手称庆尚且不及，哪里还顾得上追查是谎报还是实报呢。

第三步，借机好好敲打一下对手。

贾似道"出征"回来，宋度宗便把大权交给了他，贾似道还故作姿态，再三辞让，屡加试探要挟，后见宋度宗和谢太后出于真心，他才留在朝中。这时，满朝文武大臣也争相趋奉，把他比作辅佐成王的周公。通过这场考验，年轻的宋度宗对朝臣完全失去了信心，他至此才理解为什么宋理宗要委政于贾似道。原来满朝文武竟无一人可用，贾似道虽然奸佞，但困难当头之际，只有他还"忠勇当前"，敢于"挺身而出"。宋度宗哪里知道，满朝文武懦弱是真，贾似道忠勇却是假。

宋度宗被瞒，不知不觉地坠入了贾似道的奸计之中。从此，宋度宗失去了治理朝政的信心和热情，把大权往贾似道那里一推，纵情享乐去了。

贾似道再一次"肃清"朝堂，他在极短的时间内，把朝廷上下全换成了自己的亲信，甚至连守门的小吏也要查询一遍。这样，赵宋王朝实际上变成了贾氏的天下。

袁世凯就是这样和国民党的南京政府周旋的。

清王朝的宣统皇帝宣布退位以后，因袁世凯握有实权，非他不能主持局面。所以孙中山从大局出发，决定将大总统之位让与袁世凯。同时，为了限制袁世凯的权力，国民党要求袁世凯来南京就职。南京政府派了蔡元培等五人为"迎袁专使"，前来北京迎接袁世凯南下，就任中华民国的临时大总统。

袁世凯当然不想离开北京老巢，这不明摆着是调虎离山吗？就在这个时候，北京城内发生了第三镇兵变的事件。兵变的借口是反对袁世凯离开北京。士兵在城内大肆抢劫商铺，搞得鸡犬不宁，各国驻京使节也纷纷表示不满。袁世凯以维持北京局势为由，不愿赴南京就职，南京方面只好同意他在北京宣誓就职。

原来，这次兵变是袁世凯的长子袁克定串通第三镇统制曹锟搞起来的。

▌扬汤止沸，不如釜底抽薪

古来就有谚语说："扬汤止沸，不如釜底抽薪。"釜是做饭用的锅，薪是烧饭用的柴火，当满锅沸腾的时候，要想不让锅里的水呀粥呀漫溢出来，恐怕没有比抽出锅底的柴火更好的办法了。这是来自现实生活的常识，而这个常识的意蕴却是丰富而深邃的。

东汉末年，曹操与袁绍在官渡相持。曹操深知自己军粮不足，长久相持下去，一旦缺粮，全军将不战自解，袁绍之所以猖狂，就是仗恃粮饷充足。

　　这时，曹操少年时的同窗许攸来到曹营投奔曹操。许攸原本在袁绍军中当谋士，曾多次建议袁绍趁曹军主力在官渡时，派轻骑去袭取许昌，而袁绍不听。许攸见袁绍刚愎自用多次错失良机，知他大势已去。恰好这时许攸家里的人犯法，被袁绍拘捕起来，有可能株连到他，于是他离开袁绍投奔曹操。曹操当时已上床睡了，听说许攸来访高兴得鞋也顾不上穿，赤脚迎了出去。因为曹操知道许攸本来是袁营中的谋士，了解袁营粮草情况，所以一见面，曹操就情不自禁地说："子卿（许攸别号）远道而来，吾大计可成矣！"

　　果然，许攸一坐下，就单刀直入地提出："袁军势众，你打算怎么办？你目前还有多少粮？"曹操撒谎说"可支持一年"，见许攸不信，又说"可支持半年"，许攸仍不信。最后才不得不说实话："只够一个月了。"这时许攸就将袁军在乌巢存粮的情况说了出来，并建议："轻骑偷袭乌巢，来他个釜底抽薪。"

　　这一下正中曹操下怀，立即让曹洪、荀攸防守官渡大营，自己亲带五千轻骑，打着袁军旗号，人含枚，马衔环，每人手中带上一把干柴，兼程疾走，从间道直奔乌巢。路途中虽然也曾碰上袁军的巡哨，但是曹操所带的五千人冒充袁军，居然骗过敌人的耳目，顺利地到达目的地。曹操立即下令将粮囤围住，放起火来，霎时间，只见烟雾腾空，火光四起，袁军不知所措，慌作一团，守粮官还分辨不出是怎么回事。最后看到有的士卒虽像袁军，但并不救火，才知这支奇特的部队原来是曹军。淳于琼一面差人向袁绍大营报告，请求救援，一面拼死组织反扑。曹操五千精兵奋勇冲杀，打得袁军大败，迫使袁军退回本营，眼睁睁看着粮囤全数被烧。

曹操用这一"釜底抽薪"之计，烧毁了袁军的物质基础——军粮，令袁军军心不稳，上下动摇。曹操见袁军大势已去，集中全军出击袁绍。袁军大败，四散溃逃，从此袁氏家族一蹶不振。

唐代的李愬铲除军阀吴元济，用的也是釜底抽薪之计。他做的局更加精彩而富有层次。

安史之乱以后，唐王朝派生出一个新的既得利益集团，那便是雄踞四面八方的节度使们。他们拥兵自重，俨然成为外朝天子，陈兵对抗朝廷。吴元济的叛乱，便是其中一例。

唐代的藩镇节度使大多行伍小卒出身，文化素质极低，道德观念全无，根本不知政治为何物，只知肆意掠夺，尽情挥霍，不过是割据一方的强盗而已。辖下之民，有志之士全离开故土，赴京师寻找出路；沉淀下来的文士秀才，"生年二十，未知古有人曰周公、孔夫子者。击球饮酒，策马射走兔，语言习尚，无非攻守战斗之事"。直到淮西平乱之后，河北民俗犹称安禄山、史思明为"二圣"。纲常之败坏，道德之颓丧，比起"五胡乱华"的北朝，实有过之而无不及，百姓深陷在水深火热之中。

但节度使们"拥励卒，自署吏，不贡赋，结婚姻，相联结"，与朝廷对抗却是一致的。

所以，李愬部下的十万藩镇之兵与吴元济的十万淮西军，非但势均力敌，而且你中有我，我中有你。在这种形势下，运筹不失者胜。光知猛冲猛打是无济于事的。

李愬在与吴元济直接开战之初，先打了几个胜仗，收复了一些城池，先声夺人，他这样做，意在震慑叛军，使更多的叛军投降，这等于挖吴元济的墙脚，这一"釜底抽薪"的策略，是正合时宜的克敌制胜的法宝，妙在"化敌为我"。

对已经投降的将士，如李祐等人，李愬以诚相待，推心置腹，委以重任。这是"釜底抽薪"总策略能否实施下去的关键。李愬对淮西降将的尊重与重用，曾一度引起军中将士忌妒，并由此派生出诸多疑虑与不满，隐伏着某种危机。而战场上的节节胜利，夺取了一座又一座城池。这些城池必须分兵驻守，光靠朝廷军队驻守，就没有机动部队打仗了，大势所趋，不重用投降的将士共守是不利的。

为了消除军内的妒忌情绪，李愬绕了一圈，押送李祐赴京请罪，同时又上疏请求皇帝赐还，并请来了圣旨以镇抚部下，使"釜底抽薪"得以继续运作。

但胜利来得太快，攻下太多敌城，也有问题。当攻下吴房时，问题来了：如果朝廷军队分兵驻守吴房，机动兵力显然比吴元济的淮西兵少；而如果放弃吴房，让吴元济分兵驻守，便可削弱淮西军的兵力。这是一个奇招，将地送还敌人以分敌人之兵，然后再以优势兵力削弱敌人有生力量。这是"釜底抽薪"的另一种妙用。

李愬以"釜底抽薪"之策，终于平定了淮西，于是四方藩镇相率归命，出现了唐宪宗元和年间所谓中兴局面。

如果对手的实力太强大，就不要直接与他硬碰硬。可以先把对手的根基挖空，或者集中全力攻其要害，这样，他的大厦自然会崩溃。

▌借助外力办自己的事

做事，要懂借力之道。借助外力，甚至借助敌手之力来办自己的事，这才叫高明。

战国时的冯谖就是借助秦国的力量，使孟尝君在自己的国家成了香饽饽，孟尝君的宰相之位得以巩固。

当初，齐国的孟尝君田文继承其父齐相田婴的爵禄，家累万金，其所养门客曾达三千之众。加之他才思敏捷，善于因人成事，其声名远播各诸侯国。不久，孟尝君当了齐国宰相，在协助齐王与秦国争霸称雄的争斗中起着举足轻重的作用。

后来，齐王听了秦国和楚国的挑拨，认为孟尝君独揽大权，其名声在己之上，于是就罢了他的官并没收了他的封地。孟尝君无可奈何。这时他的门客冯谖献谋说："您让我带上礼物去秦国，包您官复原职且得到更多的封地。"

于是，冯谖受孟尝君之命到秦国后对秦王说："所有说客无论到秦还是到齐，都是为了秦强齐弱或秦弱齐强。齐、秦二国是不分雌雄而不能并立的国家，谁称了雄，谁就可拥有天下。"秦王听后问道："您有何法能使秦国成为雄而不为雌呢？"冯谖说："齐国之所以能得到诸侯们的尊重，关键是有孟尝君。而现在齐王听信挑拨，罢了他的官，孟尝君必然心里不满而想离开齐国。您若趁机把他请来相秦，那将不只是使秦称雄，而是拥有天下的事。您若失去时机，待齐王醒悟过来官复孟尝君原职，那将来谁雌谁雄就难说了。"秦王听后觉得很有道理，旋即派人携重金去齐国请孟尝君。

冯谖辞谢秦王之后，先走一步回到了齐国，马上把他对秦王说的话又对齐王说了一遍，还说："秦王很钦佩孟尝君的才智，听说已派人携重金来迎孟尝君去秦。孟尝君一去，秦王肯定会任他为宰相。到那时各诸侯国都将归附于秦，秦一旦称雄，齐则成了雌，连临淄、即墨都难保了。您为何不趁秦使未到而抢先将孟尝君官复原职，再多封领地以示歉意呢？这样，孟尝君也将乐于接受。"

齐王当即采纳了冯谖的意见，并派人到边境打听到确有秦使来请孟尝君。于是，齐王就赶紧恢复了孟尝君的宰相职务，并在旧有封地外又增加了一千户的俸禄。

冯谖借助的是外力，而另一个聪明人田单，则借助敌手之力，让敌人自己毁自己。

公元前 279 年，燕军大举进攻齐国，齐国大部沦陷，只剩莒、即墨两城尚在坚守，情况危急。即墨的守将叫田单，他看到士气非常低落，觉得这样下去即墨恐怕也守不住，决定想个计策，给大家打一剂强心针。他设了这样一个局。

田单派出间谍到城外，对燕军宣传说："田单将军最怕燕军俘虏齐军士兵后，把他们的鼻子割掉，再把他们放到攻击部队的前头，那样即墨守军的精神非崩溃不可！"燕军将领叫骑劫，是个糊涂蛋，居然相信了。他果真这样去做，令人将俘虏的鼻子全割掉，推到阵前恐吓齐军。城中军民看到被俘士兵被割去鼻子，异常愤怒，决定死守。

田单又派出间谍四处散布言论说："我最怕燕军挖即墨城外的坟墓，那会使城中军民人人寒心，失去斗志。"于是燕将不仅下令挖掉齐人的坟墓，还焚烧掉骸骨，威逼齐人投降。城中齐国军民一见祖坟被掘，悲痛涕零，义愤填膺，决心同燕军决一死战。田单看到士气高昂起来了，便率领军民大举反攻。燕军溃败，齐军很快收复所有失地。

《道德经》说：哀兵必胜。示以"哀兵"之形，往往会造成敌方骄纵轻敌心理，而己方因处于受压迫、受凌辱的地位，必然怀着满腔悲愤，求胜争强。田单正是借敌人来鼓舞自己的士气，这比自己鼓劲的效果要好。

王世充借力之道玩得更绝，他居然要和敌人互换紧缺物资，面对这一要求，他的死对头李密竟然同意了。

王世充自从隋大业十三年（617）岁末在兴洛仓外那一战中几乎失去全部家底，已有好几个月不敢正面与李密争锋了。这一段时间他倒颇有所得，至少东都小朝廷的内外大权已被他牢牢控制，他出入宫廷，俨然就是一副无冕帝王的派头。大权在握，重整旗鼓与李密再决胜负的念头也就日益强烈，而且权钱一体，他想组建一支具有战斗力的军队或者调动士兵的积极性都很方便，譬如他可以动辄给予重赏，也能随时制造更精良的武器装备。以他的权术手腕，玩起这一套来自然是驾轻就熟，以至于在不长的时间内，士兵们相当低落的斗志又重新高涨起来，这在当时的严峻形势下，确实是很了不起的成就。

不过，王世充还在为一个问题发愁，那就是粮食。洛阳外围的粮仓都已被李密控制，因此，城内的粮食供应一直非常紧张。他的部队也不例外，因为常常填不饱肚子，每天都有人偷偷跑到李密那边去。王世充很清楚，如果粮食问题不能及时解决，他想留住士兵们的一切努力终归是徒劳，更别提战胜李密了。那么从李密手中夺粮如何？不行，他目前还不具备这样的实力。唯一的选择只有向李密"借"粮养兵。但双方互为生死对手，这粮又该是怎么个借法？想与虎谋皮吗？

王世充为这件事整整想了一个通宵，终于想出了一个绝妙的主意：用李密目前最紧缺的东西去换取他的粮食！王世充派人过去实地了解，回报说李密的士兵大为衣服单薄头痛。这就好办了！王世充欣喜若狂，当即向李密提出以衣易粮。

李密起初不肯，无奈那元真等人追求私利，老是在李密耳边聒噪，说什么衣服太少会严重影响军心的安定等，李密不得已才答应下来。王世充换来了粮食，部队的状态得到了根本的改观，士气大振，尤其是士兵叛逃的现象日益减少。李密也很快察觉了这一问题，非常后悔，连忙下令停止交易，但为时已晚，李密无形中已替王世充养了一支精兵，也就为他自己的前景增添了许多难以预想的麻烦。

▌本章小结

内心有原则和目标，但在现实中要懂得妥协。

人要善于在坏局里开出新路，避免人生陷入垃圾时间。

前人的经验不是不能用，重要的是能否因时顺势，用得合适。

当万事俱备、只欠东风的时候，要敢于去制造东风，人为地催化机会。

面对不利的局势，只要能控制住舆论，影响公众的判断，就可化险为夷。

做事要懂借力之道。借助外力来办成自己的事，甚至借助对手之力来办成自己的事，这才叫高明。

第七辑

理解人性，揣摩人心

▊ 使人常有饥饿感

《菜根谭》中有句话:"恩宜自淡而浓,先浓后淡者,人忘其惠。"意思是,给人恩惠要从淡薄逐渐变得丰厚,假如开始丰厚而逐渐淡薄,对方就会忘记你前面给他的好处,甚至对你产生怨念。

施恩要每次点点滴滴,并且经常为之。不要一次给得太多,让对方吃得过饱,下次你还能拿什么满足他呢?行善施惠,不要超过他人所能回报的,不要让他人的感激难以为继。

从前,有一个心地善良的人,为了救济一个因跛脚而吃不上饭的人,就每天给他送饭吃。第一天,这个跛脚人见到这么好心的人,吃到这么可口的饭菜,感激涕零,千恩万谢。

这个好心人也非常高兴,毕竟是行善积德,周围的人也都对他竖起了大拇指。第二天又送,第三天又送,连续送了29天,到了第30天的时候,好心人的老婆病了,没顾上送饭。这个跛脚人非常生气,一副气急败坏的样子说:"都什么时候了,还不给我送饭?想饿死我吗?什么大善人,我看就是大骗子。"

开始即使再好,如果最后出了差错,你在对方心中的印象也会大打折扣。就像上面的例子,就因为没送一顿饭,受恩者对施恩者产生了怨恨。这里提醒我们,在施恩的时候,要自淡而浓,适度得体,循序渐进,如果施恩无度,先多后少,一旦把受恩者的胃口吊起来，受恩者就会把先前的恩惠忘得一干二净。

　　武则天刚上台时，遭到李唐宗亲势力和开国功臣集团的反对，比如长孙无忌、上官仪等。这些人都是当时的世袭贵族，是社会的既得利益者，当然不甘心武姓势力当权。武则天为了寻找盟友，便把目光投向了普通士族或中层官员，重用李义府、许敬宗、来俊臣等人。这些人渴望获得晋升，实现阶层的跃升，在功名的道路上他们还有很长的路要走，心中怀有饥饿感。武则天正好借他们的力量扳倒那些世家大族，清除执政路上的绊脚石。

▌好处要给到恰当处

　　人在社会上行走，不可能不求人，也不可能没有助人之时。当你打算帮助别人的时候，请你记住一条规则：救人一定要救急。其中的道理很简单：如果他人有求于你，这说明他正等待着有人相助，如果你已经应允，那就得及时相助。如果他人没有应急之事，也不会向你求助，因为一般人都不愿求人。可是事情到了紧要关头，不求人就毫无办法，甚至会失去生存能力，那怎么办？一旦你答应帮助他人，他心存感激之余当然会全心指望于你，如果你最后帮得不及时或者没有去帮，那你反而会遭到怨恨。

　　三国争霸之前，周瑜并不得意。他曾在军阀袁术部下为官，被袁术任命当过一回居巢长，一个小县的县令罢了。

　　这时候地方上发生了饥荒，年成既坏，兵乱间又损失不少，粮食问题日渐严峻起来。居巢的百姓没有粮食吃，就吃树皮、草根，饿死了不少人，军队也饿得失去了战斗力。周瑜作为父母官，看到这悲惨情形急得心慌意乱，不知如何是好。

　　有人献计，说附近有个乐善好施的财主鲁肃，他家素来富裕，想必囤积了不少粮食，不如去向他借。

　　周瑜于是带上人马登门拜访鲁肃，刚刚寒暄完，周瑜就直接说："不瞒老兄，小弟此次造访，是想借点粮食。"

　　鲁肃一看周瑜丰神俊朗，显而易见是个才子，日后必成大器，他根本不在乎周瑜现在只是个小小的居巢长，哈哈大笑说："此乃区区小事，我答应就是。"

　　鲁肃亲自带周瑜前去查看粮仓，这时鲁家存有两仓粮食，各三千斛，鲁肃痛快地说："也别提什么借不借的，我把其中一仓送与你好了。"周瑜及其手下一听他如此慷慨大方，都愣住了，要知道，在饥荒之年，粮食就是生命啊！周瑜被鲁肃的言行深深感动了，两人当下就交上了朋友。

　　后来周瑜当上了将军，他牢记鲁肃的恩德，将他推荐给孙权，鲁肃终于得到了干事业的机会。

　　鲁肃在周瑜最需要粮食的时候送了他一仓粮食，这就是所谓的雪中送炭。

　　《庄子》中还有一个反面故事。

　　庄子家里常常穷得揭不开锅。有一次，他家又断炊了，庄子便去找当地富户监河侯借粮食。监河侯很爽快地答应了："行！等过些日子我把封邑的租子收回来了，就给你价值三百金的粮米，可以吗？"

　　庄子听了非常生气，但他又无办法，只好心平气和地对监河侯讲了一个故事：

　　"我昨天从家里出来时，在路上听到一阵呼救的声音。我循着声音传来的方向去找，看见车轮碾出的一道车辙里有一条鲫鱼正困在那里喘息。我问小鲫鱼：'小鲫鱼呀，你怎么落到这儿来了呢？'小鲫鱼回答说：'我是东海龙王派出的巡视海浪的官员，希望你救救我，只要几升水我就有命了。'我说：'好啊！我马上到南方去游说吴王和越王，叫他们发动民工，掘土挖渠，把西江的水引来营救你，你看怎么样？'小鲫鱼立即气愤地拉下脸说：'我并不要很多水，一点点水来得及时，我就可以活命。像你这样延迟，还不如趁早到卖鱼干的摊子上去找我！'"

　　锦上添花，不如雪中送炭。当他人口干舌燥之时，你奉上一杯清水，这胜过九天甘露。如果大雨过后，天气放晴，再送给他人伞，这已没有丝毫意义；如果人家喝醉了，再给人敬酒，这未免过于虚情假意。我们在帮助别人时一定要注意这一点。

　　想驾驭别人，就要给人好处，因为一切关系归根到底还是利益关系。"施恩术"是人情关系学中最基本的策略和手段，是开发利用人际关系资源最为稳妥的灵验功夫。但是帮助别人时，要掌握以下基本要领。

一、施恩时不要说得过于直露，挑得太明，以免令对方感到丢了面子，脸上无光；已经给别人帮过的忙，更不要四处张扬。

二、施恩不可一次过多，以免给对方造成还债负担，甚至因为受之有耻，与你断交。

三、作为领导要培养下属对你的感情依赖，让他们心甘情愿为你效力。

另外，我们还要注意一个非常重要的问题，那就是：给人好处，要选准时机和方式，力争用最小的代价换得最大的人情，避免花了钱却不讨好。

在《水浒传》中，有精彩的一幕，就是宋江杀了阎婆惜后，逃到柴进庄上避难，碰上了武松。当时武松因在故乡清河县误以为自己伤人致死已躲到柴进庄上。但因为武松脾气不太好，得罪了柴进的庄客，所以柴进也不是十分喜欢他。《水浒传》中说："柴进因何不喜武松？原来武松初来投奔柴进时，也一般接纳管待。次后在庄上，但吃醉了酒，性气刚，庄客有些顾管不到处，他便要下拳打他们，因此满庄里庄客没一个道他好。众人只是嫌他，都去柴进面前告诉他许多不是处。柴进虽然不赶他，只是相待得他慢了。"显然，武松对柴进也是有很大的怨气的，尽管柴进在武松身上花了不少钱。

宋江的做法就高明多了，他见到武松，马上拉着武松去喝酒，似乎亲人相逢；看武松的衣服旧了，马上拿钱出来给武松做衣服（后来钱还是柴进出的，但好人却是宋江做的）。而后"却得宋江每日带挈他一处，饮酒相陪"。这饮酒的花费自然还是柴进开销的。临分别时，宋江一直送了六七里路，并摆酒送行，还拿出十两银子给武松做路费，而后一直目送武松远离到看不见的地方。

宋江从头到尾不过花了十两银子和饯行的一顿饭，却把英雄盖世的武松感动得五体投地。而柴大官人庇护了武松整整一年，就算后面有所怠慢，也不会少他吃喝用度的，在武松身上的花费岂止区区十两银子。但在武松心目中的分量，恐怕这位宋大哥要远远超过柴大官人，这也就是为什么柴进名满江湖，出身高贵，却成不了老大，而宋江却可以。实是因为柴进花的冤枉钱太多，不善于用钱，所以往往事倍功半；而宋江常常把钱用在刀刃上，以很少钱就能达到柴进花无数钱都达不到的功效。由此可见，有的人钱花得不少，却没有赚下人情；而另一种人，花钱不多，却收买了对方，使之入了自己的局。其原因就在于给人好处的时机和方式有区别。

对于一个身陷困境的穷人，一枚铜板的帮助可能会使他握着这枚铜板忍着极度的饥饿和困苦，为你赴汤蹈火而在所不辞。对于一个执迷不悟的浪子，一次促膝交心的帮助可能会使他建立做人的尊严和自信，从此对你忠贞不渝。

就是对一个陌生人很随意的一次帮助，可能也会使他突然悟到善良的难得和真情的可贵，从此多了一个合作者。

其实，人要做一番事业，既需要别人的帮助，又需要帮助别人。从这个意义上说，帮别人就是帮自己。但是，一定要选好时机和方式，争取最大的收益。

▍给人一个美名让他去保全

如果你想要指出或改善某个人的某个缺点，你就需要表现出，他已经具备这样的能力，并且你十分欣赏。假定对方已经有了你想要的美德，给他一个好的名誉，他就会尽力朝着你给的赞誉去表现，尽其所能，也不愿让你失望。

在生活中，无论是富有还是贫穷，每个人都希望竭尽所能去保持别人给予的称赞，使别人对自己的美誉更加名副其实。

当你想要影响一个人的行为时，不妨给他一个美名让他去保全。

春秋晚期，晋国有一位义士叫豫让。他说过一句名言："士为知己者死，女为悦己者容。"

豫让曾经在晋国的范氏和中行氏那里做过家臣，但范氏和中行氏只是把他当作普通人看待。后来他又到智伯那里，智伯很尊重他，给他很高的待遇。

智伯在与赵襄子的战争中失败被杀，赵襄子把他的头骨做成酒杯，每逢大会宾客举行酒宴的时候，就特地把它摆出来，以表示对智伯极端的仇恨。豫让在智伯失败以后，逃到山中躲了起来，他说："唉！士为知己者死，女为悦己者容。智伯将我视为知己，我如不能替他报仇，枉为人也。"

于是，他改名换姓，乔装打扮，接近赵襄子，企图行刺，但均未成功。他又用漆毁坏肌肤，吞炭弄哑嗓子，百折不挠地寻找机会。

有一天，赵襄子外出，豫让埋伏在桥下准备行刺，却被发现。赵襄子说："豫让啊，我知道是你。你怎么没完没了呢？以前你也为范氏和中行氏效命，智伯把他们灭了，你为什么不替他俩报仇？现在我灭了智伯，你为什么单单要为智伯报仇呢？"

豫让说："我在范氏和中行氏那里，他们只把我当作一般人看待，所以我也只是像一般人那样报答他们。至于智伯，他看得起我，把我尊为国士，我就要以国士之礼报答他。"

赵襄子被豫让感动了。他虽然不想再放过豫让，但同意豫让在自己的衣服上刺几剑，来满足豫让报答旧主的心意。最后，豫让引剑自杀。

▌爱恨不是一成不变的

西班牙智者葛拉西安说过这样的话："与朋友相处时，要想到他们可能成为你的死敌。这样的事每天都在上演，所以不妨有先见之明。我们不宜因友谊而解除武装；否则，最难打的战争可能在这里爆发。另一方面，对于敌人，和解之门应始终敞开。报复的快感会变成一种折磨，伤人的满足也常转化为痛苦。"

西汉末年，张耳、陈余都是魏国大梁人，这两人同吃、同住、同患难，可谓生死之交，兄弟之情令人羡慕。

只不过，人性往往经不起考验。张耳、陈余初闯江湖之时，先追随陈胜，后投奔项羽，一路走来，都是彼此相互扶持，共同进退，从不分开。谁知，巨鹿之战，两人的分歧却不可避免地出现了。

当时，张耳同赵王歇被几十万秦军围困在巨鹿城里。城内粮少兵饥，生死危难之际，张耳派人给陈余传话，希望他赶紧带人支援。此时的陈余带着几万人驻扎在巨鹿城的北面，时刻关注着城内的动态。由于秦兵强悍，陈余料定就算自己出兵也是送死。

可是，此时的张耳如同热锅上的蚂蚁，再没有援兵前来，自己只有死路一条。他再次派两个部将向陈余求援，传话说："难道我们不是兄弟吗？兄弟就得有难同当，难道可以见死不救吗？"

陈余无奈地说："我不是不想救啊。就算我带人去，也打不过秦军啊。我不就想着保存实力，往后给你们报仇吗？行吧，我出五千士兵去救你。"

这两个部将带着陈余的五千人走了，很快全军覆没。

最后，幸亏项羽破釜沉舟，一举打败了秦军，解了巨鹿之围。

事后，张耳指责陈余不去救援，还把两个求援的部将杀了。陈余说我明明派兵了，没想到你对我误解这么深。两人之间起了争执。陈余一气之下，卸下身上的兵符，啪的一声放在桌上，说："你以为我不出兵，是贪恋将军之位吗？大不了这将军我不当了！"说完他就出去了。

张耳一时惊愕，原不想拿那兵符，无奈身边人一劝说，他动了心，就取走陈余的兵符，收编了陈余的军队。

陈余没想到张耳这么狠，就带着自己的几千亲信到河边以渔猎为生。

从此以后，两人成了仇人，陈余发誓定要亲手杀了张耳。后来，张耳转投刘邦，在平定赵地时，张耳杀死了陈余。曾经的生死之交，竟以这种方式结束。

张耳和陈余谁对谁错？张耳有错吗？张耳被围巨鹿，各路诸侯不敢出兵，张耳非常理解，但作为唯一能盼望的兄弟，难道也和其他诸侯一样按兵不动吗？这岂能不让人愤懑？

陈余有错吗？陈余知道自己出击也是以卵击石。况且，张耳的儿子也在巨鹿城外集结军队，也不敢动，为什么张耳只怪陈余而不怪他儿子呢？确实没有道理。

两个人关系越亲密，对彼此的要求就越高，如果一方达不到要求，双方关系就会产生裂痕。

正所谓爱之愈切，恨之愈深。有时候，对你伤害最大的，是你最爱的人；给你致命一击的，是最了解你底细的人。

好朋友可以变成仇人，仇人也可以成为朋友。只要形势需要，随时可以和敌人和解。

19世纪前期，奥地利有位政治家叫梅特涅，他在四十年的政治生涯中，大搞均势外交，竭力维持欧洲的"实力均衡"，让奥地利在欧洲大国中左右逢源。梅特涅懂得，在交朋友时要提防日后的斗争，在斗争时也要考虑将来与敌人的和解。爱恨不是一成不变的，奥地利的利益才是一成不变的。

1809年梅特涅担任奥地利外交大臣的时候，拿破仑刚刚粉碎了第五次反法联盟。奥地利作为战败国，被迫向法国割地赔款。在这危难之际，梅特涅开始施展他的"均势外交"，一方面让奥地利王室与拿破仑联姻，另一方面暗中与东方大国沙俄联系，借助沙俄的力量制衡法国。

1812年春天，拿破仑远征俄国失败，法国国力被大大削弱了。这时英、俄拉拢奥地利加入第六次反法联盟，但梅特涅认为不能再削弱法国了，因为再削弱法国将会破坏大陆的实力均衡，并为俄国建立霸权开路。于是奥地利担任了调停人的角色。

法国战败以后，欧洲的形势起了变化。俄国和普鲁士的力量膨胀起来，它们分别对波兰和萨克森提出了领土要求，从而对奥地利产生了威胁。梅特涅就联合英、法对抗俄、普，俄、普的野心不得不收敛起来。

到了1815年，梅特涅看到欧洲燃起革命烈火，反对封建君主制的呼声很高，他又毫不犹豫地联合俄、普，同时拉进英、法，组成"神圣同盟"，共同扑灭革命烈火。因为在资产阶级革命面前，君主制国家都是一条绳上的蚂蚱，曾经的敌人也就成了朋友。

对于敌人，和解之门应始终敞开。世界就是一个牌局，对手是不断变换的，打完一局还有下一局，所以不要以一局看输赢。

▌隐藏你的真实意图，不要让别人看穿底牌

永远不要显露出隐藏在你行动背后的真实意图，目的性太强，只会让别人心生防备。你需要做的是为自己涂抹一层保护色，低调、谨慎地做事，让所有人对你疏于提防。

公元 240 年，魏明帝去世，临终前把年仅 8 岁的太子曹芳托付给大将曹爽和司马懿，让两位将军共同辅佐太子执政。曹爽是曹芳的父辈，他倚仗自己是皇族，不把司马懿放在眼里。司马懿对曹爽甚为不满，但一时又无能为力。为了免遭曹爽的加害，同时隐藏自己，以待时机，司马懿告病居家，不问朝政。

一日，曹爽派心腹李胜去探视司马懿，以查虚实。司马懿也知道曹爽的用意，因此，当李胜来到时，只见司马懿躺在床上，两个侍女正在喂他喝粥，米粥洒满了前胸。李胜与他说话时，司马懿故意做出气喘吁吁的样子，话也听不明，说也说不清。李胜回去后，详细报告给曹爽，并说："司马公不过是尚有

余气的尸体而已，形神已离，大人不必再对他有所顾虑了。"曹爽最感棘手的就是司马懿，听到他不会久留于人世，心中无比高兴和放心，在朝中更加肆无忌惮了。司马懿的智谋是非常厉害的。他清楚自己的实力暂时不能与曹爽对抗，应该示弱来麻痹对手。

司马懿知道不能一味地消极等待，应该着手准备入局了，于是他加紧秘密组织力量，使双方力量对比悄悄地变化着。而曹爽却不识时务地休息了。终于，时机到来了，魏少帝曹芳拜谒高平陵，曹爽兄弟及其亲信皆随同前往，这时京城空虚。司马懿得到这一消息，决定发动政变。

他首先以皇太后的名义下令关闭各个城门，而后率军占据武库，又派军占领曹爽营地，解除其武装。接着，他又派人上疏魏少帝指责曹爽等人背弃先帝之命，败乱法纪，排斥旧臣，安插亲信且骄横日甚，怀有谋逆之心。为此，司马懿才不得不采取兵谏的办法，为国除害。

但这封信落在曹爽手中，并未报告魏少帝。司马懿又派人告诉曹爽，指出如其主动放弃兵权，归降认罪，可保身家性命。曹爽兄弟见之慌张窘迫，不知所措。在走投无路之下，曹爽兄弟只好决定出降，上疏魏少帝，主动要求免除自己的官职，而后侍帝回宫。

此后不久，司马懿又以曹爽图谋叛乱为名，下令将曹爽兄弟及其心腹全部逮捕处死，诛灭三族。司马懿除掉曹爽之后，独掌了朝政，为以后司马氏篡权奠定了基础。

司马懿用的是扮猪吃虎的策略。在时机尚未成熟时先保持低调，不透露自己的意图，尽量不引人怀疑，为的是一击成功。

做人切忌太过外露。你想做事就去做，但不要到处张扬，因为有的人可能会感觉受到了威胁。他们会利用手中的权力或影响力，对你进行打击，使你过去的一切努力都化为泡影。有的人成事的能力不足，但败事的能力还是有的。

在羽翼未丰或事情未成的时候，你所要做的是暗中修炼自己，等待机会。在这种情况下，别人不易察觉你的真实意图，而你却早已对对方了然于胸。就好像一场牌局，千万不要被人看穿你的底牌。

▌求人不如求己

曾国藩曾经教导部下说："君子欲有所树立，必自不妄求人知始。"也就是说，没有真正的本事，却千方百计让别人以为自己有本事，只能反受其害。要想成就一番事业，就要从自身出发，靠自己的本事打天下，而不要把希望寄托在别人的帮助和扶持上。曾国藩自己虽然强调人多好办事，曾说大事要多得帮手，但他主张关键之处还在于自己。因为自己立得住，别人自然而然就来帮助；如果自己不成器，就是想尽一切办法，也无济于事。

　　每个人都有自身的利益追求，很难想象谁会一辈子跟定你，甘心为你付出，不求回报。在宦海浮沉的一生中，曾国藩也饱尝了人情冷暖。他与左宗棠、沈葆桢都由挚友变成竞争对手，互相攻击，形同陌路。即使是对他忠诚的李元度，兵败后也背离他投奔王有龄。饱经世态炎凉，曾国藩也越来越明智。清咸丰十年（1860）十二月的一天晚上，他与好友冯树堂在一起谈论人际关系，他在日记中写道："夜与树堂谈人情世态，言送人银钱，随人用情之厚薄，一言之轻重，父不能以代子谋，兄不能以代弟谋，譬如饮水，冷暖自知而已。"在危急时刻，不仅亲朋无法真正帮助自己，即使是父子兄弟，也不能代替自己，这就是人性的本质。

　　在曾国藩经历的事情中，有一件事让他对此体会最深。

　　同治元年（1862），曾国荃孤军进驻雨花台，打算围困天京，夺得头功。但他手下仅有2万人，要夺取这座坚城，简直是白日做梦。不久，李秀成奉命率30万大军来到城下，将曾国荃团团包围，血战40多天。以2万人对十几倍的对手，眼见要遭受灭顶之灾。曾国荃一天发十几封信，四处求救。曾国藩见亲弟弟马上就要被吃掉，心中忧急万分，急令鲍超、多隆阿等部速去救援。但鲍超被杨辅清阻在宁国一带，正在激战之中，自身难保。多隆阿则对曾氏兄弟久怀不满，拒绝支援。湖广总督官文正准备让多隆阿入陕平定另一股农民军。曾国藩闻讯急得直跺脚，他派人飞马送信给官文，说入陕之敌人数不满三千，有雷正绾一军足矣，天京之敌比陕西何止百倍，请其将多隆阿追回。官文却置之不理。

　　曾国藩虽贵为统帅，却也无可奈何，只好写信给自己的兄弟，让他顶住。九月一日，他在信中说："军事呼吸之际，父子兄弟不能相顾，全靠一己耳。"九月十三日，他又写信说："危急之际，只有在己者靠得住，其在人者，皆不可靠。"仅隔十余日，又写信重申了两遍："危急之际，惟有专靠自己，不靠他人为老实主意。""总之，危急之际，莫靠他人，专靠自己，乃是稳着。"

　　从其急切的语气中不难看出他无可奈何的情态。然而事实就是如此，也只有真正面对、承认这样的事实，才有可为。在他的激励下，曾国荃发了狠劲，硬是顶住了李秀成的猛攻，激战 40 多天，最终迫使李秀成撤兵。当太平军撤退时，曾国荃转守为攻，尾随追击，大获全胜。曾国荃因为顽强，被太平军称为"曾铁桶"。他一战成名，从此飞黄腾达，势不可遏，终于把天京城攻了下来。

　　经过这件事，曾国藩对世事有了更深刻的认识。不过从他的经历中可以看出，求人不如求己，的确是人生的铁则。曾国藩在给胡林翼的信中引用郑板桥的题画诗说"还将竹作篱笆，求人不如求己"，以此作为自己的座右铭。

　　自己的命运不可寄托在别人身上，如果你自己是软泥，没人能把你扶上墙。想做成不一般的事业，就要有不一般的意志，要比一般人更坚强。

不要高估自己与任何人的关系

蔺相如曾是赵国宦官缪贤的一名舍人，缪贤曾因犯法获罪，打算逃往燕国躲避。

蔺相如问他："您为什么选择燕国呢？"

缪贤说："我曾跟随大王在边境与燕王相会，燕王曾握着我的手，表示愿意和我结为朋友。所以我想燕王一定会接纳我的。"

蔺相如劝阻说："我看未必啊。赵国比燕国强大，您当时又是赵王身边的红人，所以燕王才愿意和您结交。如今您在赵国获罪，逃往燕国是为了躲避处罚。燕国惧怕赵国，势必不敢收留，他甚至会把您抓起来送回赵国的。您不如向赵王主动请罪，也许有幸获免。"

缪贤觉得有理，就照蔺相如所说的办，向赵王请罪，果然得到了赵王的赦免。

缪贤以为燕王是真的想和自己交朋友，他显然没有考虑自己当时身上的光环：他是赵王身边的红人。可是现在他成了赵国的罪人，地位已经变了，交朋友的价值也就失去了，他贸然到燕国去，当然很危险了。蔺相如看问题可真是一针见血啊。

北宋时，王安石实行新法，任用了吕惠卿等人，而排挤司马光等保守派。司马光写信给王安石说："忠良的人，在您当权时，虽然说话难听，觉得很可恨，但以后您一定会得到他们的帮助；而那些谄媚的人，虽然顺从您，让您觉得很愉快，一旦您失去权势，他们当中一定会有人为了自己的私利出卖您。"

果然，王安石被罢免了相位后，吕惠卿任参知政事，成为变法头号人物。地位一变，人的心态也就变了。吕惠卿千方百计阻止王安石复出，后来变法失利，他又反咬一口，说了王安石不少坏话，甚至欲置王安石于死地。这正应验了司马光的话。

这两个故事启示我们：当你地位变了的时候，要重新审视你的朋友。永远不要高估你和任何一个人的关系，否则你会大失所望。

商业世界一切贸易的实质都是交换，人际关系也是如此。不能提供对等交换的人际关系很难建立，就算能够与这类人建立联系，也很难实现价值。

商业社交沟通中有个现象：势能对等的人，才有彼此对话的可能性。普通人平白无故找任正非、马化腾等对话，几乎是不可能的。这些人之间才存在对话的可能性。势能对等的背后是势能交换的可能性，换句话说，有势能交换可能性的人，才有建立人际关系的可能性。

人到了一定年纪，要学会给自己打伞。其实，每个人在别人的心中都没有那么重要。在别人的世界里，我们终究是配角，只有在自己的世界里，才是真正的主角。与其热衷于经营各种关系，不如好好提升自己。

▌被人需要胜过被人感激

真正聪明的人是让人们需要他，而不是让人们感谢他。因为，如果你能被他人需要，你在他人心中就会变得重要。因为对方有所求，他便会对你铭心不忘，而感谢之词最终将在时间的流逝中淡漠。

卡耐基曾经说过："别指望别人感激你，因为忘记感谢乃是人的天性。如果你一直期望别人感恩，多半是自寻烦恼。你的价值因别人的需要而存在，被人需要胜过被人感激。与其让对方感激你，不如让对方有求于你。"

法国国王路易十一酷好占星学，在宫廷里养了几个占星师，其中一个尤其令他佩服。

一天，这名占星师预言一名贵妇将在三日内死亡。大家不以为意，但预言应验了：贵妇真的在三日内死亡了。大家都十分震惊，路易十一也吓坏了。他想，如果不是占星师谋杀了贵妇来证明他预言的准确性，就是占星师的法力太高深了。路易十一感觉自己受到了威胁，他想除掉占星师，使自己摆脱命运受制于人的阴影。看来，这位占星师难逃一死了。

一天，路易十一在宫中埋伏好士兵，命令他们一接收到他发出的暗号，就冲出来抓住占星师，用剑将其刺死。然后他召见占星师入宫。

　　占星师很快来到王宫。不过，在杀死他之前，路易十一决定问他最后一个问题："你自诩能够看清楚别人的命运，但你知道自己的命运如何吗？告诉我，你能活多久？"占星师稍稍思考了一下，沉着地说："我会在您驾崩前三天去世。"

　　听了这番话，路易十一一直没有发出暗号，他不敢让占星师死掉。路易十一还命人保护占星师的安全，命宫廷医生悉心照顾他。占星师一生享尽了荣华富贵。

　　最后占星师甚至比路易十一多活了好几年，虽然这与他的预言不符，却证明了他是驾驭他人的一流好手。

　　占星师的高明之处在于让别人依赖自己。这种依赖关系越牢固，自己就越安全。

　　《庄子》中有个故事：庄子去拜访一个朋友，那朋友非常高兴，便让仆人杀只鹅来招待庄子。仆人问道："有两只鹅，一只会叫，一只不会叫，要杀哪只？"主人说："会叫的鹅可以用来警戒，而不会叫的鹅没有什么用处，所以就杀了它吧。"

　　苏秦学成纵横之术，游说秦王，不获重用，穷困潦倒而归，他的妻子见他回来，不放下手中的针线，他的嫂子不给他做饭。等到他合纵成功，身佩六国相印，妻子和嫂子对他恭敬有加，不敢仰视。

　　汲黯在得势的时候，每天来登门拜访的人络绎不绝，门槛都要被他们踏破了。等到他遭到贬黜，之前来拜访他的人都消失了，门前冷落车马稀。

　　没有一个人可以独善其身，要想发展壮大就需要与人合作，让尽可能多的人需要你。一个组织、一个国家，也是如此。

最牢固的人际关系是利益捆绑，互相需要。新东方创始人之一徐小平曾说："不要用兄弟情谊来追求共同利益，这个不长久；一定要用共同利益追求兄弟情谊。不能纯粹为了理想去追求事业，但你的事业一定要有伟大的理想。这样的合伙人制度才能长久。"

▎一辈子不被糖衣炮弹击中是很难的

很多英雄人物，一生叱咤风云，到老却栽了。因为每个人身上都有人性的弱点。

春秋时候的齐桓公，九合诸侯，一匡天下，成就了不朽功业。到老年时却宠爱竖刁、易牙、开方这几个品行不端的小人。相国管仲得了重病，将不久于人世，齐桓公去看望他时，问管仲这几个人能不能重用。

齐桓公问："竖刁为了服侍我，不惜自宫成为宦官，这等忠臣，应该可以重用吧？"

管仲说："自宫以事君，大违人之常情，此人居心叵测，切不可用。"

齐桓公再问："易牙为了进献美味给我，不惜杀了亲生儿子，做成羹汤，这样忠心耿耿，应该可以重用吧？"

管仲说："不爱自己的儿子，难道会真心忠爱国君？此人有豺狼之性，切不可用。"

齐桓公续问："开方本是卫国公子，但弃其太子之位，臣事齐国，父母亡故，也不回去奔丧，可说是为齐国尽忠到底，这样的人应该可以重用了吧？"

管仲说："以王储之尊，抛人君之位不顾，背父母之国而不回，可见此人别有所图，所以也绝不可用。"

齐桓公问："既然如此，相国何不早除三人，反而让他们留在朝中呢？"

管仲叹了一口气说："或许这是我的失策。鲍叔牙屡次要求我驱逐他们，我都不肯，因为我知道这三人善于服侍逢迎，能使君开心。如此一来，则可免国君喜怒无常，使臣下不致难测天威，并能将政事委任朝臣办理，不会过分干预。而且在我的防范下，他们还不敢乱来，可是我若不在，恐怕祸端就会萌生。所以无论如何，请国君万万不可任用这三人。"管仲的意思是，这些近臣陪国君玩玩还行，让他们参与政治那可就糟了。

尽管内心并不愿意，但齐桓公口头上还是答应了管仲。

过了不久，管仲病逝，鲍叔牙等贤臣也相继过世，齐桓公渐渐将管仲死前的叮咛忘得一干二净，宠任竖刁、易牙和开方三个小人。后来果然引发了齐国的内乱，堂堂一代霸主，最后竟不得善终。

管仲当年曾为齐桓公兄弟竞逐王位而刺杀齐桓公未成，齐桓公不但没把管仲杀了，还任管仲为相，可见齐桓公在用人方面有一定的气度与见识，难怪他能成为霸主。可惜的是，伟人也是人，也和常人一样喜欢逢迎服侍，喜欢被拍马屁。人到老年，更容易放松对自己的要求，"干了一辈子革命工作，也该歇歇啦"。盛与衰只是一步之遥。

汉武帝也是这样。他喜欢高谈以儒治国，尽管骨子里是个法家。当时的官僚如虚伪的宰相公孙弘、有名的酷吏张汤，都喜欢迎合他对儒学的嗜好，所以升官格外快。

公孙弘是吏员出身，对于处理公务是非常在行的，但明明是按通常的程序和原则处理公务，他总是要引用儒家经典为依据，以迎合汉武帝。公孙弘对汉武帝的性格看得很透。他宣称做皇帝最怕"不广大"，以迎合汉武帝的好大喜功。他有时也发表一点不同意见，却绝不坚持，只是为了表明自己敢于讲真话。身为宰相，公孙弘自奉节俭，吃得很一般，盖的是布被，俸禄都分给朋友，家无余财。汲黯指责他的这种节俭是沽名钓誉，公孙弘也不否认。汉武帝不但不追究，反而很欣赏他面对指责时所表现出来的儒者谦让之风。

酷吏张汤由于善于迎合，从一个刀笔吏，一直做到廷尉。他判案，总是看汉武帝的眼色行事，重判轻判都事先窥得汉武帝的心思。因为汉武帝提倡儒学，张汤审理重大案件时，总是想尽办法使自己的判决符合儒家的教义。他甚至请来研习儒学的博士，为他的判决引经据典。他多用凶狠之辈为爪牙，却又喜欢结交儒生。廷尉府判决的案子，汉武帝认为好的，张汤总是说手下某某人建议如何，才使案子这样判了。如果案子判得有问题，汉武帝不满意，张汤就说是自己没有采用手下某某人的建议，把案子办坏了。他这样推功于人，揽过于己，就是要让汉武帝觉得他为人宽大忠厚，有儒者气象。

当时有位正直的大臣叫汲黯，曾经当面批评汉武帝"内多欲而外施仁义"，可谓一针见血，让汉武帝很下不来台。汉武帝敬畏他，称他是社稷之臣。汉武帝可以在厕所里接见卫青，当作自己人；但听说汲黯进见，必须整好衣冠，不敢随意。这说明了什么呢？领导平时处理公事，天天要端着架子，内心是很累的，而那些心腹呢，可以给他找些乐子，使他卸下面具，像常人一样轻松。

这是人之常情，却也是领导的软肋。一些小人经常以这点能耐得到重用，而汲黯式的干部常受冷落，提拔得也慢。难怪汲黯向汉武帝抱怨："陛下用人，就像堆柴火，后来者居上啊！"

■ 亏要吃在明处，否则就是吃傻亏

有句俗语叫"吃亏是福"。懂得吃亏、懂得谦让的人，更容易给人好感，人际关系会更融洽。而且，你吃亏就让别人感到欠你一个人情，将来自然会有所回报。

"吃亏是福"从本质上说是一种利益的交换，没有人喜欢白白吃亏，白白受损，而是希望利用"吃亏"来换一种福。至于什么是"福"，每个人都有不同的见解。所以，用眼前利益的暂时损失去换取长远的利益，这才是真正意义上的"吃亏是福"。否则，就是吃傻亏。正因为如此，还有一句话叫"吃亏在明处才是福"，明明白白地吃亏，让关键人物知道你是主动地吃亏，认同你的吃亏，感谢你的吃亏，这样别人才会从内心深处对你充满感激。

南朝刘宋时，有一个叫刘怀珍的人，同萧道成一起在朝中任职。他认为萧道成非同凡人，有眼光，有见识，将来必成大事，所以倾心与之结交。有一次，刘怀珍回家乡休假，萧道成为他送行，并送给他一匹白马。这匹马高大雄健，但没有驯服，对人又踢又咬，无法骑乘。刘怀珍收下后，脸上丝毫没有不快之意，反而让人拿出上百匹绢送给萧道成作为回报。他的下属对他说："萧君是因为那匹马性子烈，不好驾驭才送给您的。您却作为重礼接受，回报绢布百余匹。您的回报是否太多了？"

刘怀珍坦然回答说："不多。萧君乃堂堂君子，雅量过人，我送他此绢，他岂能负我与之结好之意？萧君是能成大事的，将来我的身家功名可能都寄托在他身上呢，岂能斤斤计较这些财物？"

刘怀珍的回赠，获得了萧道成的友情和信任。后来，萧道成取代了刘宋，建立了萧齐，刘怀珍也官至都官尚书，领前军将军。

清末巨商胡雪岩原本是浙江杭州的小商人，他不但善于经商，而且通晓人情，善于结交朋友。当时杭州有个小官员叫王有龄，颇有才干，一心想向上攀缘，但苦于经济条件不允许，只能作罢。胡雪岩与他交往日久，了解他的能力和为人，便决心帮他一把，变卖家产，筹集了几千两银子，送给王有龄。后来王有龄官至巡抚，分外感激胡雪岩当年的雪中送炭。

胡雪岩的成功除了自己的经商才能之外，最关键的是他练达的社交能力，懂得吃亏，吃明亏，令朋友和生意伙伴信赖他的宽厚和真诚。因他深深地明白一个道理：今天给朋友的是一滴水，明日朋友将以涌泉来相报。胡雪岩就是以吃明亏来交友，以吃明亏来发展自己的宏图大业。

什么叫暗亏呢？就是你吃了亏，别人也未必领情，或者根本就没看到。比如，一个人家境非常贫穷，已经到了全家都快要饿死的地步，只有向邻居乞讨。邻居凑出一升米借给他，虽然只够全家人喝几天稀饭，但此人已经千恩万谢，因为他感觉邻居能借出一升米也非常不容易。但如果邻居慷慨地借给他一斗米，足够他全家吃不少日子，而且不求回报。此人吃饱之后，不但不会感激邻居，还会痛恨邻居，因为他一下能借出一斗米，说明家境很好啊，家境这么好，为什么不借一石米给我呢？真是为富不仁！这就是"升米恩，斗米仇"的道理。

所以，吃亏也要看对象。对于不知感恩的人，不要过分地谦让；对于没有能力回报的人，也要量力而行地施恩。马基雅弗利曾经说过："给人恩惠应该一点一点来，这样人们更能感受到恩惠的好处。"

▍不要吃人嘴软

战国时，孟子名气很大，每日府上宾客盈门，其中大多是慕名而来。这一天，接连来了两位神秘人物，一位是齐国的使者，另一位是薛国的使者。对这种人物，孟子自然不敢怠慢，小心周到地接待他们。

齐国的使者给孟子带来赤金100两，说是齐王所赠的一点小意思。孟子见其没有下文，坚决拒绝齐王的馈赠。齐国的使者灰溜溜地走了。

隔了一日，薛国的使者也来求见。他给孟子带来50两金子，说是薛王的一点心意，感谢孟子在薛国发生兵难的时候帮了大忙。孟子吩咐手下人把金子收下。左右的人都十分奇怪，不知孟子葫芦里卖的什么药。

陈臻对这件事大感不解，他问孟子："前天齐王送你那么多金子，你不肯收，今天薛国才送了齐国的一半，你却接受了。如果你前天不接受是对的话，那么今天接受就是错了；如果你前天不接受是错的话，那么今天接受就是对了。"

孟子回答说："都对。在薛国的时候，我帮了他们的忙，为他们出谋设防，终于平息了一场战争。我也算个有功之人，为什么不应该受到物质奖励呢？而齐国平白无故给我那么多金子，是有心收买我，君子是不可以用金钱收买的，我怎么能收他们的贿赂呢？"

左右的人听了，都十分佩服孟子的高明见解和高尚的操守。

我们祖先的古训是：君子不言利。但"亚圣"孟子早在战国时期就打破了这种观念，对它做了正确的理解。他说过，对于钱财，可以取也可以不取，取和不取的分界，在于会不会损害自己的廉洁。用我们今天的话说，只要是合法所得，岂有不取之理。所以齐国有贿赂之嫌，孟子拒收它的金子。薛国奉送的是报酬，数额可能稍大，但孟子是名人，做的是复杂的脑力劳动，应该比普通人和简单的体力劳动酬劳多，孟子当然照收不误。

有人求你帮忙办事，只要是合法的事，你挺身而出，救人于水火，最终总会得到人家的回报。按照"礼尚往来"的传统和规矩，这也是应该的。如果在人际交往中，你为别人付出得多，而不给人家一个回报的机会，反倒会伤害人家的感情。

当然，如果别人求你办一些不正当的事，你要切忌"拿人家手短，吃人家嘴软"，千万不要因为贪图一点儿实惠而把自己置于进退两难的境地。

▌品行好，才能走得远

说"品行"，有人可能觉得迂腐。不过，现实完全不像这些人所认为的那样简单。当一个人失去了应有的品行，他也就失去了获得成功的基本条件。事业越大，品行就越重要。

隋唐时期的徐世勣曾是李密的部将，深得李密重用。唐武德二年（619），李密被王世充打败，率部投降李渊。他原来所辖之地东至于海，南至长江，西到汝州，北到魏郡，由徐世勣据守。于是徐世勣对长史郭孝恪说："魏公（李密）既然归顺大唐，我们现在据有的这些地方，是魏公所统辖的。如果上表献给大唐，就是趁主人失败的机会，为自己表功，以求取富贵，我认为这是非常可耻的事情。现在应该把各州县的户口、赋税、驻军，抄写整齐，启奏魏公，让魏公自己献给大唐，那么这就是魏公的功劳了。"于是派使者启告李密。

使者到后，唐高祖听说徐世勣没有上表，只有书信给李密，感到很奇怪。使者把徐世勣的意思告诉唐高祖。唐高祖高兴地说："徐世勣感德推功，确实是个非常纯正的人。"于是对他大加重用，授他黎阳总管、上柱国、莱国公。不久，又加右武侯大将军，改封曹国公，赐姓李。

李密是徐世勣的老领导，李渊是徐世勣的新领导。对于一些见风使舵的人来说，老领导不得势了，他们马上就会转向新领导示好。但徐世勣是个很正直的人，是无论走到哪里都值得信赖的人。

徐世勣本来是在瓦岗寨做事，以前的上司是翟让，后来换成李密，现在李密归唐，他的上司又变成了李渊。岗位变了，上司变了，但徐世勣的人品没有变。

与他不同，三国时的吕布却是个反复无常、忘恩负义、卖主求荣的人，他先叛丁原，后叛董卓，被人骂为"三姓家奴"。后来曹操擒住了他，尽管欣赏他的才能，但又怕吕布再背叛自己，让自己落得与丁原和董卓一样的下场，于是下令处死了他。

李开复在微软研究院曾碰到过类似的问题。一个来这里实习的学生，有一次出乎意料地报告了一个非常好的研究结果。但是，他做的研究结果别人却无法重复。后来他的老板发现，这个学生对实验数据进行了挑选，只留下了那些合乎最佳结果的数据，而舍弃了那些"不太好"的数据。李开复认为这个学生不可能实现真正意义的学术突破，也不可能成为一名真正合格的研究人员。

可见，一个不诚实的人，不会是一个好的事业伙伴；靠耍小聪明来做学问，也不会有真正的成就。

▌本章小结

锦上添花不如雪中送炭。

当你想要影响一个人的行为时，不妨给他一个美名让他去保全。

对你伤害最大的，是你最爱的人；给你致命一击的，是最了解你底细的人。

隐藏你的真实意图，不要让别人看穿底牌。

被人需要胜过被人感激。

因为对方有所求，他便能对你铭心不忘；而感谢之词最终将在时间的流逝中淡漠。

给人恩惠应该一点一点来，这样人们更能感受到恩惠的好处。

第八辑

历史中的博弈术

▌增加对方的获胜成本

西方有一个文化术语叫"皮洛士式胜利"，意思是代价惨重、得不偿失的胜利。皮洛士是古罗马时期的一位国王。在一场血腥的战斗中，他获得了胜利，却损失了大半精锐部队。望着尸横遍野的战场，他感慨道："再来这样一场胜利，我就完蛋了。"

赢得战争（或避免战争）的一个有效策略就是增加对方的战争成本，使其难以坚持，或因为得不偿失而放弃发动战争的愿望。

"田忌赛马"就是一个通过让对手多付代价而获得胜利的例子。田忌的上、中、下三等赛马都比齐威王的同等级赛马差，可是在著名军事家孙膑的帮助下，田忌以"下驷对上驷、上驷对中驷、中驷对下驷"的策略，在平均劣势下赢得了与齐威王赛马的胜利。

田忌为什么能获胜？关键在第一场——输掉的那一场。齐威王虽然胜了，但是却付出了巨大的成本——上驷与下驷的实力差距被白白浪费掉了，因此他输掉了后面两场。这是一个重要的原则：你付出的成本越大，局面就越不利。

"田忌赛马"的故事，用现代术语来说就是一个典型的博弈问题。实际上，它是通过增加对方的成本改变双方的实力对比，并最终取得胜利的。

围棋上也有类似技巧，好的棋手都不希望把棋"走重"，因为这样不但效率低，而且包袱沉重，一块重棋在遭到攻击时是很难办的：苦苦求活吧，难免受到对手的百般盘剥；干脆放弃又损失太大。所以这种棋往往被称为"愚形"。

在古代战争中，深谙谋略的战将经常先派小股部队去骚扰对方，让对方得不到休息，然后伺机击败对方。在《红楼梦》中，王熙凤想除掉贾琏的小妾尤二姐，但她自己不出面，却暗中教唆秋桐天天破口乱骂尤二姐，还去贾母、王夫人、邢夫人处诬告，最终尤二姐不堪其辱，愤而自杀。王熙凤以很小的成本，达到了自己的目的，而名声不损。

《孙子兵法·作战篇》中提出"因粮于敌"，意思是作战时要想方设法从敌国获得物资，降低自己的作战成本。在博弈中，要想方设法降低自己的成本，加大对方的成本，把对方拖垮。

"因粮于敌"是其中的一种思路，此外还可以采取速战速决的方法打败对方，这也是一种小成本战略。多尔衮趁乱入中原，希特勒发动闪电战，都是典型战例。

《孙子兵法》说："兵贵胜，不贵久。"意思是打仗要以获胜为要，最好不打持久战。战斗拖的时间越长，收益就越小。

"田忌赛马"还告诉我们，现实中的博弈往往不是单次博弈，而是多次博弈、复合博弈。输掉一场战役并不意味着败局已定，还可以在后面扳回比分。谁胜谁负，要看具体的情境和博弈的规则。在"田忌赛马"中，田忌靠三局两胜成为赢家；而在有些对局中，一城一池之得失并不重要，要看谁在关键决战中胜出；如果把人的一生看作一个局，笑到最后的才是真正的赢家。

█ 温水煮青蛙

吃掉对手的方法有两种。一种是吞食，也就是一口吃掉，好处是快速，坏处是对手会激烈反抗，成本较大。还有一种是蚕食，缺点是比较缓慢，优点则是对手不易警觉，成本较低。此外，可以先给对方一些甜头，使其入局，等他感觉不妙时，已成骑虎之势。

温水煮青蛙的好处就在于，既和风细雨又能达成目的，不必大动干戈。

我们来看看春秋时期郑庄公的故事。郑庄公这个人比较阴险。他的弟弟共叔段为非作歹，还想争王位，他睁一只眼闭一只眼，让弟弟继续坏下去，等到他弟弟闹得人神共愤的时候，才出兵一举铲除。

事情是这样的。郑庄公的母亲姜氏生有两个儿子，老大就是庄公，老二是共叔段。生庄公时，姜氏难产受到了一些惊吓，所以给他取名寤生，并对其有厌恶之感；而对共叔段，姜氏则特别偏爱，几次请求郑武公立共叔段为世子，郑武公都没有同意。

郑武公死后，长子寤生继位，是为郑庄公。姜氏见扶植共叔段的计划失败，便替共叔段请求郑庄公将制邑作为共叔段的封地。制邑在河南荥阳东北，北临黄河，地势险要，著名的虎牢关就在此处。郑庄公怕共叔段据险以后难以清除，没有同意。姜氏又要求把京邑封给共叔段，郑庄公不好再推辞，只得答应。

郑大夫祭足知道后，立即面见郑庄公说："分封的都城，它的周围超过300丈，就对国家有害。按照先王的制度规定，国内大城不能超过国都的三分之一，中城不能超过国都的五分之一，小城不能超过国都的九分之一。现在封共叔段在京邑，不合法度。这样下去您恐怕将控制不住他。"郑庄公答道："母亲喜欢这样，我怎么能让她不高兴呢。"祭足又说："姜氏哪里有满足的时候！不如早想办法处置，不要使她的野心滋长蔓延，蔓延了就很难解决，就像蔓草不能除得干净一样。"郑庄公沉默了一会儿，说："多行不义者，必自毙。你姑且等着吧！"

其实，郑庄公心里早已有了对付共叔段的方略。郑庄公感到自己现在力量还不够强大，共叔段又有母后的支持，要除掉共叔段还比较困难，不如先让他尽力表演，等到其罪恶昭著后，再进行讨伐，一举除之。

共叔段到了京邑后，将城进一步扩大，还把郑国西部和北部的一些地方逐渐据为己有。公子吕见此情形十分着急，对郑庄公说："国家不能使人民有两属的情况，您要怎么办？请早下决心。要把国家传给太叔（共叔段），那么就让我侍奉他为君；如果不传给他，就请除掉他。不要使人民产生二心。"郑庄公回答说："你不用担心，也不用除他，他自己将要遭祸的。"

此后，共叔段又将他的地盘向东北扩展到与卫国接壤的廪延。此时，子封又来见郑庄公，说："应该除掉共叔段了，他再扩大土地，就要得到民心了。"郑庄公却说："他多行不义，人民不会拥护他。土地虽然扩大了，但一定会崩溃的。"

共叔段见郑庄公屡屡退让，以为郑庄公怕他，便更加有恃无恐。他聚集民众、修缮城郭、收集粮草、修整装备武器、编组战车，并与母亲姜氏约定日期作为内应，企图偷袭郑国，篡国夺权。

郑庄公对共叔段的一举一动早已看在眼里，并有防备。当他得知共叔段与姜氏约定的行动日期后，就命大将子封率领二百乘兵车提前进攻京邑，历数共叔段叛君罪行，京邑的人民也起来响应，反攻共叔段。共叔段弃城而逃，先逃到鄢，后又逃到共邑。郑庄公引兵攻打共邑，共叔段畏罪自杀。他们的母亲姜氏也因无颜见郑庄公而离开宫廷。

郑庄公采用欲擒故纵的谋略，很轻松地除掉了王位竞争对手。他考虑到共叔段毕竟是自己的弟弟，如果一开始就对共叔段大加讨伐，别人会说他不讲亲情，在道义上他会失分。所以他姑息纵容共叔段，让大家都看清楚了共叔段的作为，才顺理成章地出兵。

▎朱元璋的后发制人策略

博弈论里面有一个有趣的博弈模型，叫作"智猪博弈"。

这个模型来自一个故事：笼子里面有一大一小两头猪，笼子很长，在笼子的一边有一个按钮，另一边是饲料的出口和食槽。按下按钮之后就会有 10 份猪食进入食槽，但是按下按钮之后跑到食槽边上消耗的体力需要吃 2 份猪食才能补充回来。

如果两头猪同时按按钮，同时跑向食槽，大猪吃进 7 份，小猪吃进 3 份；如果大猪按按钮，小猪等待，小猪近水楼台，可以吃进 4 份，而大猪吃进 6 份；如果大猪等待，小猪按按钮，大猪先吃，可以吃进 9 份，小猪只吃进 1 份，但是付出了 2 份的体力，实得 –1 份；如果双方都懒得动，收益均为 0。比较以上数字，我们可以知道，"等待"是小猪的优势策略，"按按钮"是小猪的劣势策略。

因此，我们所说的智猪就是那只"搭便车"的小猪。在历史上，这种后动优势是屡见不鲜的。朱元璋接受谋士朱升的"高筑墙、广积粮、缓称王"策略就属于一种后发制人的策略，也是智猪博弈的生动再现。

元朝末年，群雄并起，朱元璋的义军是其中的一支。朱元璋在进攻婺源的时候，曾久攻不下，后来得到名士朱升的指点，取得大胜。朱元璋对朱升格外倚重，就向他请教安邦定国的大计。他对朱升说："现今天下大乱，生灵涂炭，学当救国，敢问先生以何来安定天下？"朱升胸有成竹，不慌不忙对以"高筑墙、广积粮、缓称王"三策，朱元璋一听，心中豁然大亮，当即拜朱升为中顺大夫。

为什么这短短的九个字竟能使颇有心计的朱元璋如此折服

呢？我们不妨来仔细分析一下这九个字。"高筑墙"，看似保守，其实它有两个好处：第一，可以成功地防住敌人的进攻，保存自己的实力；第二，可以使敌人望而生畏，而不到急需之时是不会轻易来攻城的，这样自己就可以在城里养精蓄锐，有足够的力量来击败对手。"广积粮"，在战乱年代，它的作用就更大了，至少有三大好处：第一，能够守城，古人言"兵马未动，粮草先行"，没有粮草，这仗就无法打下去，这城也就无法守下去；第二，能战，有了粮草，军心就会稳定，将士也就能够安心打仗了，士气和军队的实力就会大为提升，特别是当对手的粮草不足时，这就是不战而胜最有效的根本；第三，能够及时扩充自己的势力，招收更多的将士，这样自己的实力就会随着战争的推进而逐步提高。"缓称王"，这是制敌的妙招，看似是承认自己的弱小，或者是在向其他反元势力和割据势力示弱，其实这种示弱却为自己赢得了诸多好处。

首先，"缓称王"能够让对手轻视自己而使他们产生骄傲自满的情绪，这样在真正对阵的时候对手就无法估计自己的实力，而自己却能够看清对手的实力，从而更有利于寻找克敌制胜的计谋。

至正二十年（1360）闰五月，陈友谅在采石仓促称帝后，率舟师顺流而下，锋芒直指应天。陈友谅认为这场战争很快就能结束，因为从兵力对比来看，他的军队是朱元璋守城军队的十倍，所以很是轻视朱元璋。面对气势汹汹的敌人，朱军内部也出现意见分歧，"献计者或谋以城降，或以钟山有王气，欲奔据之，或欲决死一战，不胜而走未晚也"。

朱元璋采纳刘基的意见，用计谋战胜了陈友谅。朱元璋的部将康茂才曾经是陈友谅的故友，朱元璋让康茂才致书陈友谅，表示愿意做陈友谅的内应。陈友谅不知是计，应约到江东桥，连呼"老康"，见没有人答应，陈友谅才明白中计了，立即与他的弟弟陈友仁率舟千余只向龙湾逃奔。但为时已晚，朱元璋的伏兵四起，内外合击，陈友谅的军队大败溃逃。恰在这时又值退潮，陈友谅军队的船搁浅不能动了，被杀死、溺死的士兵不计其数，被俘的达两万多人。陈友谅的大将张志雄、梁铉、喻国兴、刘世衍等都投降了朱元璋，"混江龙""塞断江""撞倒山""江海鳌"等一百多艘巨舰以及数百艘其他战船都被朱元璋的军队俘获。与此同时，朱元璋遣其将胡大海克信州（今江西上饶），以牵制陈友谅，陈友谅兵败后逃跑，朱军乘胜取太平、安庆。这一次陈友谅就是因犯了轻视朱元璋的低级错误而被朱元璋打得大败。

紧接着，朱元璋又除掉了另外一个强敌——盘踞在吴越一带的张士诚。至此，中国南部尽入囊中。

先发制人还是后发制人，不过是一个策略的选择，而非根本的原则分歧。到底是选择先发还是后发，在博弈论中，就要先分析形势，按照风险最小、利益最大的原则，把风险留给对手，把获益的机会把握在自己手中。

其次，"缓称王"可以转移对手的攻击目标，让各个割据势力相互争斗，而不把朱元璋作为主要对手来打。

在元末并起的群雄中，朱元璋并不算强大，刘福通、张士诚、徐寿辉等农民军从人力、物力、财力上都远远超过他，但他善于审时度势，依靠这九字方针，特别是"缓称王"的高招，寻找时机，向元势力薄弱的地区发展。这样，朱元璋的队伍不仅建立了牢固的根据地，而且有充裕的时间和精力用于发展生产，分散了元政府的注意力，取得了壮大队伍的实效。在以后的几年间，尽管他的势力已扩展到足以称王的地步，但他仍然打着小明王韩林儿的旗号培植自己的势力，甚至在小明王遭到了张士诚围攻时，他还亲率大军北上救援，这招一石二鸟，既把小明王控制在自己的掌心，又取得了小明王其他部下的支持，他的势力更加强大了。所以当他向南荡平群雄，向北打败元军后，便轻而易举地借接小明王从滁州来南京议事之名，在中途凿沉小明王的船，除掉了小明王。这时已没有任何力量可以阻挡朱元璋改朝换代的步伐了。

1368 年，朱元璋终于成了明王朝的开国皇帝。但是，在朱元璋的军队还不够强大的时候，朱元璋是尽量避免与元朝的军队直接对阵的。这在智猪博弈中就是小猪的选择，因为他的力量比较弱小，他当然不是元朝的对手，他自然是跟在强手的后面，或者坚守后方了。如果力量强大的大猪不去打元朝，那么元朝反过来也会最先去打他们，因为他们对元朝的威胁最大。刘福通、张士诚、徐寿辉他们去攻打元朝是优势策略。但当他们相互之间拼得你死我活的时候，朱元璋这头"智猪"却又成了坐山观虎斗的猎人，也是鹬蚌相争中的渔翁，占尽了后动的优势。因此，当他发动攻击时，不管是对割据势力还是对元朝都是致命的。

最后，随时可以倚重一方打击另一方。在与陈友谅的斗争中，朱元璋就与明玉珍修好，并打着韩林儿的旗号四面围攻陈友谅。

总之，在博弈中既有先动优势策略，也有后动优势策略。至于在具体的博弈中究竟是选择先动还是后动，都是由博弈参与者的各方具体情形决定的。

■ 自建一道防火墙

汉文帝大臣袁盎直言敢谏，因此得罪了不少人。宦官赵谈颇得汉文帝宠幸，经常说坏话诋毁袁盎，袁盎深以为忧。袁盎的侄子袁种亦在朝中为官，看到这种情形，便对叔父说：

"您可以找个机会当着皇上的面，以正大光明的理由侮辱赵谈，这样做虽然会加深您和赵谈间的摩擦，但从此他对皇上所说的您的坏话，皇上恐怕就不会相信了。"

袁盎接受了侄子的建议，暗中寻找适当的机会。

有一次汉文帝出巡，让赵谈同车，袁盎知道后立刻跪到车前进谏说：

"臣听说能与天子共乘车驾者，皆天下贤才豪杰之士。如今汉朝纵使没有人才，陛下也不能与那刀锯之余、受过腐刑的卑贱阉宦共乘一车呀！"

汉文帝一听，哈哈大笑，当即命令赵谈下车。赵谈心里对袁盎恨透了，可是又无可奈何，只能流着眼泪，默默无言地下车。

从此赵谈对袁盎的不满转成深刻的憎恨，时时在汉文帝耳边诉说袁盎的不是。然而汉文帝每听到赵谈诽谤袁盎的话，就联想起那件赵谈被赶下车、遭袁盎当众羞辱的事，认为赵谈是在挟怨报复，因此对赵谈的诉说也就付之一笑，丝毫不放在心上。

袁盎这个人的确是个"狠"角色，他抢占先机，在自己的阵地之外建立了一道防火墙。这一做法对于防范小人来说，很有参考价值。

消防员在抢救森林或草原大火时，常会在大火燃烧的前方先放火把草木烧掉，当大火烧到这里时，因已无草木可烧，火势就会减弱。

袁盎在汉文帝面前羞辱赵谈，就是在放火烧草木，为自己建立一道大火烧不过来的防火墙。赵谈的谗言不但使不上力，甚至也有可能让汉文帝感到厌烦，烧到他自己。

▌ 性格缺陷招来厄运

西汉初年，大大小小的刘姓封国各自为政，严重威胁着中央王朝，御史大夫晁错主张"削藩"，得到汉景帝的赏识。不想，削藩引发了七国叛乱。景帝慌了手脚，听信了大臣袁盎的话，命人将晁错骗至东市腰斩。

晁错是穿着上朝的衣服被杀死在刑场的，没有经过审判，也没有给他辩护的机会。汉景帝曾对他格外宠信，恩遇甚厚，而今，杀他的手法却又如此狠毒。

主张杀晁错的，是晁错的政敌袁盎。袁盎说，吴楚两国，其实是没有能力造反的，他们财大气粗不假，人多势众也不假，但他们高价收买的，不过是一些见利忘义的亡命之徒，哪里成得了气候？之所以贸然造反，只因为晁错怂恿陛下削藩。因此，只要杀了晁错，退还削去的领地，兵不血刃就能平定叛乱。

袁盎是做过吴国丞相的，说话的分量就比较重。何况这时汉景帝方寸已乱，听了袁盎的建议，就起了丢卒保车的心思。

不能说袁盎的主意没有道理，因为吴楚叛乱确实是以"诛晁错，清君侧"为借口的。打出的旗号，则是"存亡继绝，振弱伐暴，以安刘氏"。不过晁错死后，吴、楚等七国并未退兵。

袁盎主张杀晁错，真实目的不是纾解国难，而是因为心中怀有对晁错的刻骨仇恨。

《史记·袁盎晁错列传》记载："盎素不好晁错，晁错所居坐，盎去；盎坐，错亦去：两人未尝同堂语。及孝文帝崩，孝景帝即位，晁错为御史大夫，使吏案袁盎受吴王财物，抵罪，诏赦以为庶人。"就是说，平时两人势同水火，难以共处。晁错当上御史大夫后，弹劾袁盎，使他被罢官为庶人。

　　吴楚造反之后，晁错对袁盎仍不依不饶，又唆使下属弹劾袁盎，说他"多受吴王金钱"，专为吴王开脱，声称吴王不会造反，现在果然反了，应该治他个同谋之罪。

　　这事还没实施，有人已密告袁盎。袁盎恐惧，夜见窦婴，为他争取到面见皇帝的机会。袁盎这才先发制人，献上诛晁错的对策。

　　从这里，我们看到，一件比吴楚叛乱更紧迫的事情乃是袁盎与晁错的政治斗争，已经处于白热化的状态，如果袁盎不先发制人，必受吴国牵连，后果将不堪设想。他劝皇上"独急斩错以谢吴，吴兵乃可罢"。这分明是公报私仇，挑拨离间。

　　给晁错拟定的罪名很严重，是"亡臣子礼，大逆无道"。申请的处分，则是"错（晁错）当要斩（腰斩），父母妻子同产无少长皆弃市"，也就是没分家的亲人无论老幼统统砍头。所以，晁错不但死得很冤，死得很惨，还死得很窝囊。

　　晁错的最大问题，是不善于处理人际关系。他在太子府的时候，和朝廷大臣的关系就不好。袁盎等人大都不喜欢他，进入中枢以后更是关系恶劣。公元前157年，汉文帝驾崩，汉景帝即位，任命晁错为"内史"。内史的职责是"掌治京师"，他一下子成为炙手可热的权贵。晁错的性格不好，《史记》《汉书》都说晁错为人"峭直刻深"。什么叫"峭直刻深"？峭，就是严厉；直，就是刚直；刻，就是苛刻；深，就是心狠。这可不是讨人喜欢的性格。不难想象，晁错在朝廷上一定是咄咄逼人，得了理就不依不饶的。

有一次，晁错因为内史府的门朝东开，出入不方便，就在南边开了两个门，把太上皇庙的围墙凿穿了。这当然是胆大妄为，大不敬，丞相申屠嘉便打算拿这个说事，"奏请诛错"。晁错听说以后，连夜进宫向汉景帝认错。于是第二天上朝，汉景帝便为晁错开脱。汉景帝说，晁错凿的墙，不是真的庙墙，而是外面的墙。那个地方，是安置闲散官员的，没什么了不起。再说这事也是朕让他做的。申屠嘉碰了一鼻子灰，气得一病不起，吐血而死。申屠嘉是什么人？是追随汉高祖打天下的功臣，也是汉文帝任命的宰辅重臣。这样一个人都搞不定晁错，别人又哪里斗得过？不难想见，这件事以后，晁错自然更加恃宠而骄。

晁错一意孤行，四面树敌，他逐渐步入险境却不自知。他的父亲听说他要替朝廷"削藩"，预言他要祸及家族，上京极力劝阻，晁错不听，老父亲回到颍川老家就服毒自杀了。

虽说晁错的死是最高决策者汉景帝下的命令，但朝中百官一定起到了推波助澜的作用。各地的藩王痛恨他，那更不必说了。

偏偏这样的人，又是法家学徒，和商鞅、韩非、李斯是一个学派的，这几个搞改革的人，谁有好结果呢？

一定要把利益格局看清楚

每个人在局中，不仅是进攻者，同时也是防御者。因为算计和被算计是同时存在的，一不留神就会被更为强大的对手吃掉，正所谓"螳螂捕蝉，黄雀在后"。这种情况下，就要谨小慎微地行事，避免跑到别人瞄准的射程范围里。在残酷的竞争中，首先要学习的就是自我保护，然后才是进取和开拓。

在历史上，这样的事情实在是太多了，先拿岳飞来说吧。

岳飞当年尽忠报国，立志北伐，仗打得有声有色。他的岳家军大破金兀术的军队，金军精锐拐子马、铁浮图丧失十之八九，金兀术痛哭："自海上起兵皆以此胜，今已矣！"大破朱仙镇之后，金兵齐呼"岳爷爷"，金兀术欲在河北强行签军（抓壮丁），居然签不到。金军"顺昌之败，岳帅之来，此间震恐"。金兀术将一家老小送过黄河，自己准备撤离开封。此时，对于岳飞来讲，局势非常有利，仗打得顺手，大业指日可待。对于金兀术，简直就是灰溜溜地夹着尾巴要出局了。

然而，人毕竟不是一般动物，本来几成定局的形势改变了。一书生拦住金兀术马头："太子毋走，岳少保且退。"金兀术问："岳少保以五百骑破吾十万，京城（开封）日夜望其来，何谓可守？"书生说："自古未有权臣在内，而大将能立功于外者。岳少保且不免，况欲成功乎？"金兀术于是留在开封与宋议和。岳飞被迫班师后，金军卷土重来，郑州、颍昌、洛阳、蔡州、淮宁府丧失，宋军屡次大捷毁于一旦，河北抗金义军，渐被剿灭。岳飞眼看就要成功的定局，随着秦桧、赵构的加入而改变了。金兀术捡了大便宜。

而岳飞入狱后，秦桧上奏：岳飞处斩，张宪绞刑，岳云徒刑。宋高宗恶狠狠批示："岳飞特赐死，张宪、岳云并依军法施行，令杨沂中监斩。"当天，岳飞被秘密杀害于狱中风波亭，张宪、岳云被斩于临安闹市，为防止百姓闹事，全城戒严。至此，岳飞被杀其实已经很清楚，罪虽在秦桧，而秦桧不过是枪手而已，主凶是赵构。

赵构为什么要杀岳飞？其实很简单，只要站在赵构的利益上考虑就水落石出了。岳飞一心要恢复北国，击灭金兵，"迎回二圣"。要是他成功了，赵构怎么办？赵构原为宋徽宗第九子，宋钦宗为宋徽宗长子。徽、钦回来，皇帝怎么也轮不到赵构了，赵构不得不乖乖让出御座。所以，赵构必须除掉岳飞。走狗秦桧，遗臭万年，而主凶赵构，生前荣华富贵，死后安享帝陵。

在岳飞和金兀术的对决中，岳飞有望获胜，可偏偏被"自己人"从背后捅了一刀。这是因为他没有看清更深层的利益关系，他的行为触犯了更高层的利益。他怎能不死？北伐怎能不失败？

明朝的于谦也是一个悲剧人物，他深明社稷安危之大义，却不懂人性的阴暗和潜规则。结果成了更高层人物进行利益较量的牺牲品。

在明朝与蒙古瓦剌部落的战争中，明军在土木堡战败，随军亲征的明英宗被俘。瓦剌首领也先想把明英宗当作"奇货"，向明朝索取好处。

但是也先想错了，因为明朝的主战派大臣于谦与一些朝臣联名上书皇太后，请求另立新君，以绝也先的野心。皇太后同意了，于是，明英宗的弟弟朱祁钰继位。

也先一看明朝有了新皇帝，明英宗在自己手上的价值就大大缩水了。也先心生一计，决定把明英宗送回明朝，使明朝出现一国二君的局面，以便从中渔利。

朱祁钰刚刚坐上皇位，听说哥哥要回来了，真是左右为难。让哥哥回来吧，自己的皇位是否还能坐下去？不让哥哥回来吧，于情于理说不过去。最后，他不太情愿地派人接回了明英宗。

明英宗回来以后，被朱祁钰软禁在南宫。为了防止自己的兄长夺去他的皇位，他派心腹大臣去把守南宫，不让任何人接近。

朱祁钰对待自己的哥哥有些残酷，但是他做皇帝比朱祁镇要强得多。他把朝中的奸臣一一除掉，重用那些有才能的忠臣。在朱祁钰统治的几年里，国势开始有所回升。但是朱祁钰的身体不好，经常生病，而且越来越重。

景泰七年（1456），朱祁钰病情加重，一连几日卧床不起。朝中大臣议论纷纷，有的认为：朱祁钰没有儿子，应立太上皇之子朱见深为皇帝。有的则认为：太上皇朱祁镇回宫之后，朱祁钰就应该让位，如果朱祁钰驾崩，应该让太上皇重新做皇帝才合理。

众臣心里都有自己的想法。朝中的几个投机分子石亨、曹吉祥、徐有贞等人，想借此机会捞到好处，他们暗中商议，准备去南宫接出太上皇，拥其复位。这事如果成了，可是大功一件啊。在这帮野心家的眼里，太上皇可是"奇货"啊。

一天夜里，徐有贞、石亨勾结宦官，带兵冲进南宫，接出明英宗。明英宗在夜里到了皇宫，又坐上了久别的宝座，他心中感慨万分，有一种酸楚的滋味。历史上把明英宗复辟这件事称为夺门之变。他的弟弟朱祁钰也得知了情况，但没有说什么，因为身体病得厉害，他知道如今斗不过哥哥了。没过多久，朱祁钰病逝。朱祁镇又稳稳当当地做了皇帝。

明英宗复位，几个投机分子成了大功臣，而于谦的地位就非常尴尬了。当年瓦剌挟持明英宗围攻北京的时候，徐有贞主张逃跑，石亨主张退兵闭城，都曾遭到于谦的驳斥。此时，他们就在明英宗面前一个劲儿地说于谦坏话。明英宗对于谦帮助朱祁钰称帝也耿耿于怀，竟定了于谦一个意欲谋逆罪，处以死刑。

岳飞和于谦这样的人，对国家有大功，却深为帝王所忌。有这样的帝王，实在是国家的灾难。

▌要知道如何利用敌人

抓刀勿抓刀刃，刀刃伤身；但若抓刀柄，则刀可护身。此理亦适用于竞赛。智者在敌人身上发现的用处比愚人在朋友身上发现的用处更多。许多人之所以伟大，多半是由他们的敌人促成的。

古罗马时代，独裁者恺撒被共和派贵族刺死，其养子屋大维羽翼未丰，空有为恺撒复仇的想法而难以实施。同时，恺撒的部将安东尼视屋大维为潜在的对手，对他虎视眈眈。

屋大维在这种不利的处境下，决定与恺撒的敌人——主张共和的元老院联合，共同反对安东尼。他以恺撒继承人的名义，召集恺撒的旧部，经过一番斗争，终于在罗马站稳了脚跟，形成了与安东尼抗衡的局面。

对于屋大维来说，元老院、安东尼都是敌人。他借用一个敌人的力量制衡另一个敌人，各个击破，壮大自己。这正应了那句老话：没有永恒的敌人，只有永恒的利益。

1807 年，拿破仑的外交大臣塔列朗认为推翻拿破仑的时机已经来临，他需要寻找一个盟友，最后他选择了他最痛恨的敌人——秘密警察首领富歇。

虽然塔列朗并不期冀也不可能和富歇建立任何友谊，但是如果和富歇合作，对方一定会努力证明自己。他明白，与富歇的结盟是建立在双方利益的基础之上的，和私人的情感没有任何关系。而这样的合作才是最安全的。

这两位一向对立的大臣竟然会结盟，旁人对他们的主张也产生了很大兴趣，对拿破仑的反对也逐渐蔓延开来。从那之后，塔列朗和富歇成了最好的搭档。

许多经验教训告诫人们，朋友往往是最能够帮助自己的人，而技能和才干远比友谊重要得多。也就是说，友谊归友谊，做事还是应该选择有能力胜任的人。

虽然朋友可以带来缕缕温情，但还是有许多人依赖陌生人，甚至和自己的敌人合作。

自古以来忘恩负义的事件总是时常出现，而人们也往往掉以轻心，通常只有到了关键时候，才会发现朋友隐藏起来的个性和品质。对朋友委以重任免不了有施恩的意味，但他们却常常视之为理所当然，不仅不会有更多的感恩，而且常常会嫌不足，这样又怎能期待他们为自己全力以赴呢？

有时候对手反而应该成为真正值得信任的人。在你化敌为友时，你就摧毁了对方。

身边没有对手，我们就会变得怠惰。这就如同森林里没有狼，鹿就会变得不爱奔跑，最终失去种群的活力一样。紧追不舍的对手会让我们更机智和全神贯注，并且时时保持警戒。因此，有时候留着一个对手，不要把他转变成朋友或盟友，这样对你更有好处。

许多人之所以伟大，多半是由他们的对手促成的。奉承比憎恶更为险恶，因为憎恶纠正了奉承掩饰的错误。审慎的人能从他人非善意的眼睛中找到一面镜子。它比充满爱意的镜子更为真实，暴露出自身的缺点，这样就可以得到及时的矫正。每个人与恶毒对手相处时都会变得异常小心。

另外，一旦你成功地利用了对手，他会努力展现出和你匹敌的能力，因为他不想被你轻视。他的这种努力往往能够保证你的计划得以安全实现。这就是利用对手的技巧。

▋ 本章小结

"温水煮青蛙"的好处在于，既和风细雨又能达成目的，不必大动干戈。

把风险留给对手，把获益的机会把握在自己手中。

因为算计和被算计是同时存在的，一不留神就会被更为强大的对手吃掉，正所谓"螳螂捕蝉，黄雀在后"。

许多人之所以伟大，多半是由他们的敌人促成的。

第九辑

看清这个世界的底层逻辑

▌做事：格局决定成败

《史记·越王勾践世家》载：陶朱公次子在楚国杀了人犯了死罪。陶朱公在楚国有朋友庄生，素为楚王所信任。于是陶朱公拟让老三带上黄金千镒和自己的书信去向庄生求援。老大却争着要去。陶朱公不允，说如果老大去，只能运老二的尸体回来。可是老大硬闹着要去，并以自杀要挟。陶朱公无奈，只好派老大去。临行前反复叮嘱：庄生是我的故交，极有能量，你到了楚国，把这一千镒黄金全部交给他，一切听凭他的安排，切忌多嘴。老大满口答应，为保险起见，出发前又私自取了几百镒黄金带上。

老大按照父亲的吩咐去见庄生。庄生收下黄金就请陶家老大回老家去，千万别待在楚国。可老大见庄生家徒四壁，便有几分看不起，也不信庄生能救弟弟。便暗地留在了楚国，通过别的门路继续活动。

却不知庄生虽穷困潦倒，在楚国却威望极高，之所以收下黄金，不过是为了让陶老大放心，准备事成之后还给他的。适逢这年楚国有灾，庄生建议楚王实施大赦，以仁政挽回天心。楚王接受了他的建议。陶老大从别的渠道知道了这个消息，却不知这正是庄生为了救他的弟弟想出来的办法。所以又去看庄生，提起大赦的事。庄生知他心意，就将黄金退回。

　　然后庄生连夜进宫再见楚王说，有一个死刑犯是陶朱公的二公子，陶大公子现在外面传言，大王大赦，是因为陶家的贿赂。楚王大怒，下令把陶朱公的次子杀了才颁大赦令。陶大公子不得已把弟弟的尸首运回。

　　全家大哀，只有陶朱公一笑置之。陶朱公说，这样的结局早在意料之中。并非老大不爱弟弟，而是他从小跟着我创业，知道钱来之不易，把钱看得太重，反而害了弟弟。老三出生时家里就很有钱，他花惯大钱了，送了千镒黄金也就送了。这就是当初我为何要派小儿子去啊。

　　老大节俭，知道钱来之不易，这本是好事，但在救人这件事上却成了致命缺陷。能用钱解决的事都不是事。能跟国君说上话的人是一般人吗？庄生真的看重陶朱公那点钱？陶朱公家的老大把钱看得太重，格局未免太小了。

　　什么是格局？格局就是认知层次。当我们说某个人格局很大时，通俗化的解释就是他的认知层次高，能看到一般人看不到的东西。

　　格局对人生的影响实在太大了。格局的不同，造成了我们在本质上就是生活在不同的世界。格局不同的人是没法真正对话的。

　　鲁迅在小说《故乡》中塑造了闰土这个形象。少年闰土是一个朴实、活泼、机灵的孩子，他知道很多田间趣事。而中年闰土呢，在苦难生活的重压之下，成了一个神情麻木、寡言少语的"木偶人"。见到阔别多年的儿时玩伴迅哥，他卑微地叫了声"老爷"，两人这时已经没法对话了。

再比如一个小商人，他的目标就是赚更多的钱。而到了世界首富那里，"富"就变成负责任的"负"。人在不同的发展阶段，对钱的认识有很大不同，这就是格局。

人在井中视野是狭小的，只有走出来才会豁然开朗。人要走出舒适区，扩展自己的知识面。当我们聚焦在自己的一亩三分地时，做出了看似最适合自己的决定，或者给出了自己认为最正确的评价。然而，当我们把可视的范围扩大，先前正确的决定和主观评价可能因为其他因素的加入而变得不再正确，所以用更大的空间跨度去看问题，显然就会更接近真相一些。

当你对事物的认知较之以前更为接近本质和核心时，你的格局就提升了，眼中的世界也将随之改变。

▍读人：生产型人格和索取型人格

人格，指的是一个人的个性，是一个人在先天的生理素质基础上，在社会环境中，通过不断的交往而发展起来的个人稳定的心理特征总和。

人格在当下的研究中被分为十几种不同的类型。其实要想观察一个人的大致特点，只需看他是生产型人格还是索取型人格。当然，没有人是纯粹的生产型人格或索取型人格，我们只是将其作为观察的尺度而已。

生产型人格的人往往古道热肠，慷慨大方，通过学习和社交真诚地寻找合理的解决之道，用理性和开放的心灵与世界互动，愿意接受新的事物，改变他们的想法。

现实中还有很多索取型人格的人，过多考虑自己的感受，依赖性强，在物质、感情、精神上习惯向别人索取。比如恋爱中的一方总是要求另一方迁就自己，不肯付出；比如求职的面试者，总想着公司给他多么好的待遇和发展空间，却从不考虑自己能够为公司奉献什么。

在生活中，强者往往是生产型人格。因为他们知道，帮助别人就是在帮助自己，周围人都成功了，他自然也能取得成功。

一个能持续付出的人，一定是内心有强大能量的人。但是根据热力学定律，能量不会凭空产生，也不会用之不竭。他们也需要吸收能量，克服熵增，不然何以为继？

有些大人物表现得很慷慨，乐善好施，惠人无数。但他们内心也喜欢懂得感恩的人，得到回报也很高兴。有些大人物对物质不感兴趣，他也不缺物质，但他喜欢好名声，喜欢别人送高帽子。所以，抵制精神贿赂是他面临的大问题。

总之，对于生产型人格的人，我们得到他的帮助，应该怀着感激之情，投之以桃，报之以李，而不是把别人的付出当作理所当然。

同样，你在生活中可能也会遇到很多索取型人格的人，对这种人就要敬而远之，或者只提供有限的帮助，因为你没有义务帮助不懂得感恩的人。

■ 因果：出来混，总是要还的

刘裕原本是个出身贫苦的小军官，随着东征西讨，他的官越做越大，逐渐掌握了东晋王朝的实权。公元418年，晋安帝封刘裕为宋公。第二年正月，又加封刘裕为宋王。

不久，晋安帝去世，晋恭帝司马德文继位。眼看自己势力一天天壮大，刘裕就做起了皇帝梦。

司马德文是个在政治上毫无欲望的人。刘裕只派人暗示了一下，他便欣然操笔，下诏禅位，还对左右讲："我们晋家的天下，早在桓玄篡位的时候就该丢掉了。靠刘公的力量才延祚近二十年。今日的禅让，我心甘情愿。"但这个表白丝毫不能打动刘裕的心，司马德文还是死于乱刀之下。

禅让是中国古人最为崇尚的政权转移形式，因为它符合"天下为公，选贤举能"以及"天命不常，惟归有德"的理想标准。虽说野心家们常利用禅让来掩盖其篡位之实，但毕竟还能保证禅让国君的人身安全。到了刘裕这里，禅让成了赤裸裸的屠杀。刘裕算是开了一个恶例。

生活中常有这种情况：一个坏人败坏了风气，带出了一群坏人。刘裕可以算这种人。正因为他做事不厚道，丧失道德底线，没有给后代做出好榜样，他的子孙为了权力互相残杀，到了令人发指的地步。刘裕的儿子刘义隆（文帝）即位后，杀掉了自己的哥哥刘义康，而刘义隆则被自己的儿子刘骏杀死。刘骏即位以后，毫不客气地杀死了众多兄弟和叔伯。

待刘裕的子孙发现已没有值得相互杀戮的对象时，刘宋王朝已到了崩溃的边缘。内部的角逐，使实权逐渐集中到萧道成手里。

六十年后，萧道成如法炮制，用同样的方法对付刘裕的子孙，小皇帝刘凖死于非命。

孔子说过："始作俑者，其无后乎！"刘裕就是这种背信弃义、滥杀无辜的始作俑者，果然祸及自己的子孙，孔子的话不幸言中。

不要以为践踏道德是成功的捷径，出来混，总是要还的。道德好比银行，从这里透支，总要还账的。

凡是胜利者，都欠下了三笔还不清的债：一是失败的敌人的债；二是追随者以及同盟者的血汗债；三是亿万老百姓的债。你打着"吊民伐罪"的旗号，吃的是百姓的粮，流的是百姓的血，这笔债可以不还吗？

胜利者还有无数个潜在敌人。这敌人是谁，你一无所知。直到有一天，从背后冒出来捅你一刀，你回首一看："哦？怎么是你！"像刘邦，一边割异姓王，一边立刘姓王。而吕后紧跟在后，则是一边割刘姓王，一边立吕姓王。刘邦至死也不可能知道他胜利后的敌人是谁。

胜利与失败是同一条河流。你把主流堵住了，自认为做得很成功，其实支流的河水已开始猛涨，必须分流疏导。如果你不懂得怎样办好事，就赶快跑开，否则，泛滥的河水将淹没了你！"走为上策"，这是三十六计为你安排的最后一计。对每一个成功者来说都是如此，万万不可被自己的成功迷惑了。

■ 价值：如果你想要得到一样东西，最可靠的方法是让自己配得上它

经济学最基础的理论就是供需关系。如果你想要获得某样东西，就需要提供同等价值的东西作为交换。

用查理·芒格的话来说，就是："如果你想要得到一样东西，最可靠的方法是让自己配得上它。"在不断自我成长过程中，你越优秀，个人价值也就越高，能够与这个世界交换获得的资源、人脉、机会也就越多。

社会上有很多人热衷追求所谓人脉，其实比人脉更重要的是你自身所拥有的价值。人与人之间的有效社交，都建立在双方对于各自价值的认可上。当你足够优秀，拥有强大的实力，你自然可以吸引认可你价值并且能给你提供价值的人，然后在交往的过程中碰撞出火花，相互成全。

其实，追求自身优秀才是第一目标，而成功往往是优秀的副产品。

有一个有趣的"蘑菇定律"，是形容初学者或年轻人的。刚

入道的人处境很像蘑菇：被置于阴暗的角落（不受重视的部门或打杂跑腿的工作），浇上一头大粪（批评、指责、代人受过），任其自生自灭（得不到必要的指导和提携）。

相信很多人都有一段"蘑菇"的经历，但不一定是什么坏事，尤其是当一切才刚刚开始的时候，当上几天"蘑菇"，能够消除很多不切实际的幻想，让我们更加接近现实。对一个组织来说，新进的员工都是一张白纸，能力和经验没有太大的区别，所以给员工的起薪和工作都不会有太大的差别。

贞观年间的名臣马周，早年就是一棵不为人知的蘑菇。马周出身孤贫，早年遭遇颇为坎坷，虽然他饱读诗书，但是因为社会地位低下，也不被家乡父老重视。后来，他谋到了一个教书匠的差事，他大概是不屑于此，也不认真讲授，常混迹于酒楼茶肆之间，被地方官屡加谴责。于是他拂袖而去，漫游于曹州、汴州一带，又被一个小县令羞辱。他一怒之下，直奔长安。

来到京师长安之后，他便投奔在中郎将常何的门下。贞观三年（629），唐太宗命大臣百僚上书，评论朝政的得失，常何是个武官，对于政治上的事情说不出个所以然。这却给马周提供了一个大展身手的机会，于是，他代常何起草了一份奏书，就朝政得失的二十余件事加以评论，条分缕析，引经据典，很有见地。唐太宗一见，大为赞赏，奇怪常何怎么会有这种能力，常何老老实实回答："我可没这个能力，这是我的家客马周拟写的。"唐太宗惜才如命，连忙传令召见，一连派出四次使臣，加以催促。当见到马周之后，与之交谈，谈得很投机，当即便将他留在了朝廷。常何因举荐人才也受到赏赐。从此，马周官运亨通。

无论多么优秀的人才，初次工作都会从简单的事情做起，"蘑菇"的经历对成长的年轻人来说，就像蚕茧，是羽化前必须经历的一步。

所以，如何高效率地走过生命中的这一段历程，尽可能地从中吸取经验教训，是每个刚踏入社会的年轻人必须面对的问题。

很多年轻人，当他们走出校园时，总是对自己抱有很高的期望，认为自己一开始工作就应该得到重用，就应该得到相当丰厚的报酬。他们喜欢在工资上相互攀比，工资似乎成了他们衡量彼此价值的唯一标准。但事实上，刚刚踏入社会的年轻人缺乏工作经验，是无法委以重任的，薪水自然也不可能很高，于是他们就有了许多抱怨。

一旦得不到重用，工资也达不到他们的预期，曾经在校园编织的梦想就逐渐破灭了。没有了信心，没有了热情，工作时总是采取一种应付的态度，能少做就少做，能躲避就躲避，敷衍了事。

因此，对年轻人来说，参加第一份工作时必须消除不现实的幻想，他们应该认识到，没有任何工作是卑微的。与其抱怨，不如努力提升能力，让自己变得不可或缺。你的价值取决于别人需要你的程度。

▌时间：生命的有限与无限

　　人的生命是有限的，那么生命的意义在哪里？中国人是怎么面对这个问题的呢？他们不寄希望于彼岸世界，而是在现实中追求生命的不朽。

　　我们都知道愚公移山的故事。愚公想移大山，简直是不可能完成的任务。但他说："虽我之死，有子存焉。子又生孙，孙又生子；子又有子，子又有孙；子子孙孙无穷匮也。"从这句话里，就可以感受到愚公的可敬。愚公真的愚吗？一点也不愚。还有什么事比移山更能激励子孙为之奋斗、同心同德的吗？只有移大山，看似遥不可及的移大山。

　　这让我想到希腊神话里的西绪福斯。西绪福斯触犯了众神，诸神为了惩罚他，便要求他把一块巨石推上山顶，而由于那巨石太重了，每每未到山顶就又滚下山去，前功尽弃，于是他就不断重复、永无止境地做这件事——诸神认为再也没有比进行这种无效无望的劳动更为严厉的惩罚了。西绪福斯的生命就在这样一件无效又无望的劳作之中慢慢消耗殆尽。

　　永无止境的苦役，无疑正是人类生存的荒诞性最形象的象征。而法国哲学家加缪却说，西绪福斯是幸福的。因为他在创造自己的生活。他的命运属于他自己，他的岩石受他左右。不断地推岩石就是一种反抗，而反抗能够体现人的尊严。

一个家族，有一个信仰，子子孙孙珍视它，以它为傲，去继承它，维护它。这就是中国人克服生命有限性、达成不朽的方式。如果家庭内部没有一种信仰，那和动物的繁衍有什么区别呢？孟子说："人之所以异于禽兽者几希。"

在中国历史上，子承父业的情况比比皆是。司马谈、司马迁父子，都是史官；王羲之、王献之父子，都擅长书法；古代的工匠往往也有家传的手艺，代代相传，青出于蓝。

现代人时常感叹古代人，尤其是看到古代伟大的发明和建筑等，对古人更加崇拜，对古人的智慧叹为观止。跟现代相比，古代没有先进的科技，没有便捷的服务，更没有现代的材料。所以，古代的文物或者建筑，能够保存至今，让后人膜拜，能不让人感叹吗？中国的建筑，数北京的紫禁城最有代表性，历经几百年，紫禁城从建造至今，屹立不倒，充分表现出了古人的智慧和能力。而设计和建造紫禁城的人，家族世代延续，只干一件事情，就是为皇帝建造房子。这个家族就是雷氏家族，这个家族为古代中国服务了两百多年。

17世纪末，南方匠人雷发达来北京参加营造宫殿的工作。因为技术高超，很快就被提升担任设计工作。从他起一共八代直到清朝末年，主要的皇家建筑如宫殿、皇陵、圆明园、颐和园等都是雷氏负责的。这个世袭的建筑师家族被称为"样式雷"。用现代人的说法，这叫"工匠精神"。

追求"不朽"，是人类对抗死亡的方式，不同的文化系统对如何获得"不朽"有不同的规划。中国人以理性的方式来解读

"不朽",不是寄希望于来世或天堂,而是在现实世界中便可以完成。例如,肉体的不朽,可以通过血脉传承、祭祀不绝来实现;精神的不朽则可通过立德、立功、立言,为社会做出贡献,成就一番事业,青史留名来实现。这样一种立足现实、积极进取的不朽观,就是中国人打败时间的一种方式。

▌ 本章小结

格局的不同,造成了我们在本质上就是生活在不同的世界。

当你对事物的认知较之以前更为接近本质和核心时,你的格局就提升了,眼中的世界也将随之改变。

不要以为践踏道德是成功的捷径,出来混,总是要还的。

如果你想要得到一样东西,最可靠的方法是让自己配得上它。